# 室内设计
## 从新手到高手

理想·宅 编

U0334552

北京希望电子出版社
Beijing Hope Electronic Press
www.bhp.com.cn

# 内 容 简 介

本书共 10 章，内容涵盖了室内设计涉及的基本知识要点，包括空间、动线、人体工程学、造型、材料、风格、色彩、照明、软装、绿化等方面。本书根据知识点的难易程度划分成基础巩固、专项进阶、重点突破三个部分，通过由浅入深、由简及难的讲解，帮助读者在阅读和学习上减少难度，从而能够顺利地从新手成为高手。

本书可作为室内设计从业人员和室内设计爱好者的参考用书。

## 图书在版编目（CIP）数据

室内设计从新手到高手 / 理想·宅编 . -- 北京：
北京希望电子出版社 , 2021.1
ISBN 978-7-83002-802-2

Ⅰ . ①室… Ⅱ . ①理… Ⅲ . ①室内装饰设计 Ⅳ .
① TU238.2

中国版本图书馆 CIP 数据核字 (2020) 第 225112 号

| | |
|---|---|
| 出版：北京希望电子出版社 | 封面：骁毅文化 |
| 地址：北京市海淀区中关村大街 22 号 | 编辑：全 卫　刘延姣 |
| 　　　中科大厦 A 座 10 层 | 校对：付寒冰 |
| 邮编：100190 | 开本：710mm×1000mm 1/16 |
| 网址：www.bhp.com.cn | 印张：23 |
| 电话：010-82626261 | 字数：545 千字 |
| 传真：010-62543892 | 印刷：北京军迪印刷有限责任公司 |
| 经销：各地新华书店 | 版次：2021 年 1 月 1 版 1 次印刷 |

定价：128.00 元

# 前　言

　　室内设计经过多年的发展，已经形成一个庞大的产业，为了能够帮助读者提升就业能力，我们特编写了本书。

　　本书内容涵盖了室内设计涉及的基本知识要点，包括空间、动线、人体工程学、造型、材料、风格、色彩、照明、软装和绿化等方面。本书根据知识点的难易程度划分成三个部分，即基础巩固、专项进阶和重点突破，对室内设计的知识点进行详细讲解，帮助读者在阅读和学习上减少难度，从而能够顺利地从新手成为高手。

　　由于编者水平有限，疏漏或不妥之处在所难免，恳请读者批评指正。

编者

# 目　录

# 目　录

## 第七章　配色美学

## 第八章　照明设计

# 目　录

# 第一章

# 空间格局

在设计住宅时，不仅要了解居住者的喜好，也要了解住宅房屋的特点，针对不同的住宅户型，要知道它们的特点，才能设计出合适的住宅空间。

# 一、基本功能

住宅的户内功能是居住者生活需求的基本反映，要根据其生活习惯进行合理的分区，将性质和使用要求一致的功能空间组合在一起，避免不同性质的功能空间相互干扰。

## 1. 空间的功能构成

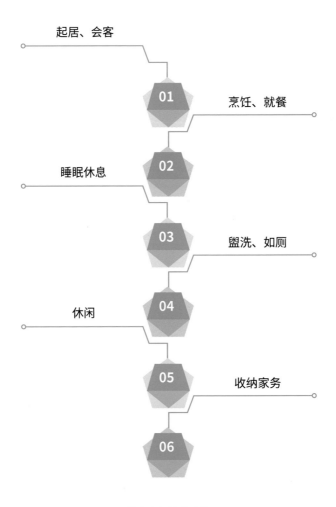

住宅空间基本功能

## 2．功能分区分类

### （1）按空间的使用性质

| 起居、会客空间 | 烹饪、就餐空间 | 睡眠休息空间 | 盥洗、如厕空间 | 休闲空间 | 收纳家务空间 |
|---|---|---|---|---|---|
| 客厅、餐厅等 | 厨房、餐厅 | 卧室 | 卫浴间 | 书房、家庭影音室、阳台、花园等 | 衣帽间、储藏室、阳台等以及各空间的收纳系统 |

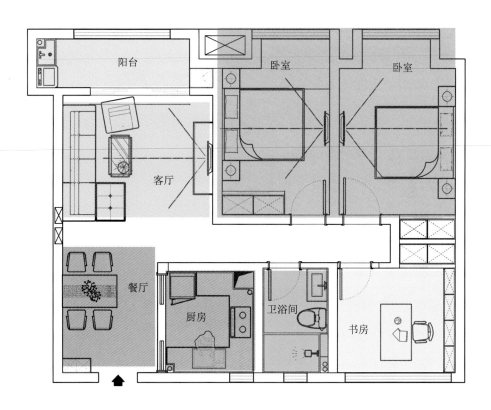

| 起居、会客空间 | 烹饪、就餐空间 | 睡眠休息空间 | 盥洗、如厕空间 | 休闲空间 | 收纳家务空间 |

## （2）按行为活动的私密程度

| 公共活动空间 | 私密性空间 | 介于公共与私密性空间之间 | 交通空间 | 家务活动辅助空间 |
|---|---|---|---|---|
| 家庭活动包括聚餐、接待、会客、游戏、视听等，这些活动空间总称为公共空间，一般包括玄关、客厅、餐厅 | 私密性空间是家庭成员进行私密性活动的功能空间。主要包括卧室、书房、卫浴间等 | 这部分空间性质较模糊，主要包括书房、多功能房等 | 主要提供行走或者过渡空间，一般为玄关、过道、楼梯等 | 家务活动包括烹饪、清洗等，基本集中在这个功能空间内进行。主要包括厨房、卫浴间等 |

公共活动空间

私密性空间

介于公共与私密性空间之间

交通空间

家务活动辅助空间

# 二、布局要素

住宅空间的功能分区要结合居住者的需求和个人特点，作出具体划分。

## 1. 公私分区

公私分区是按照空间使用功能的私密程度划分，也可以称为内外分区。

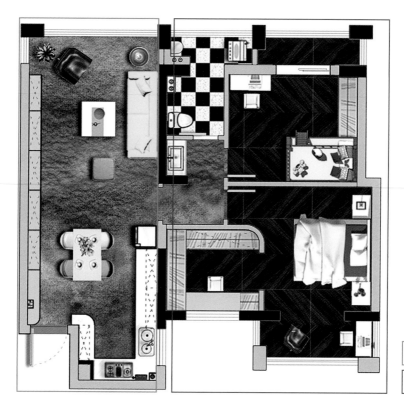

公共区

私密区

公共区：玄关      半公共区：客厅、餐厅

私密区：卧室、书房、卫浴间    半私密区：厨房

## 2. 动静分区

户型的动静分区指的是客厅、餐厅、厨房等一类主要供人活动的场所，与卧室、书房这一类供人休息、学习的场所分开，互不干扰。

### （1）昼夜分区和内外分区

从时间上划分，动静分区可分为昼夜分区。白天的起居、餐饮活动所在区域为动区，晚上休息的区域为静区。

从人员上划分，动静分区可分为内外分区。客人区域是外部空间，主人区域属于内部空间。

静区　　动区

## （2）父母子女分区

父母和孩子的分区从某种意义上来讲也可以算作动静分区，将玄关、餐厅、卫浴间、厨房等场所与父母卧室布置在一起，划分为动区；将子女卧室、书房等场所布置在一起，划分为静区，彼此之间留有空间，减少相互干扰。

静区　　动区

## （3）洁污分区

洁污分区主要体现为有烟气、污水及垃圾污染的区域和清洁卫生区域的区分。卫浴间和厨房需要用水，会产生废弃垃圾，相对来说垃圾比较多，可以置于同一侧。

# 三、户型布置方式

住宅户型的布置最常见有五种，包括餐食厨房型、起居型、小方厅型、起居餐厨合一型和三维空间组合。

## 1. 餐食厨房型（DK 型）

### （1）DK 型

厨房和餐厅合用，适用于面积小、人口少的住宅。需要注意厨房油烟的问题和采光问题。

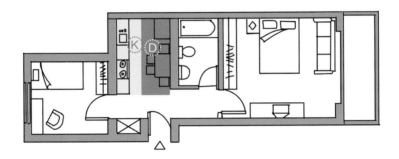

### （2）D·K 型

厨房和餐厅分离但相邻，流线方便，燃火点和餐厅空间相互分离又防止了油烟。

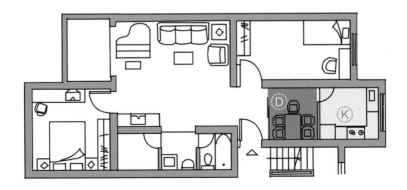

## 2. 起居型（LBD 型）

### （1）L·BD 型

将起居和睡眠休息空间分离。

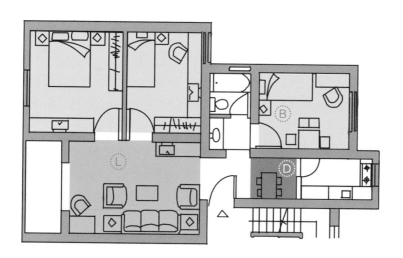

### （2）L·B·D 型

将起居、睡眠休息、餐厅空间分离。

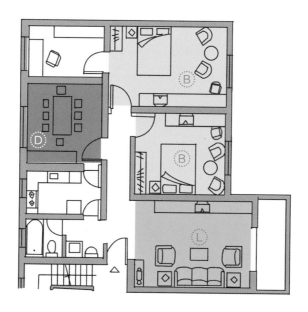

## （3）B·LD 型

将睡眠休息空间独立，餐厅和起居空间设置在一起。

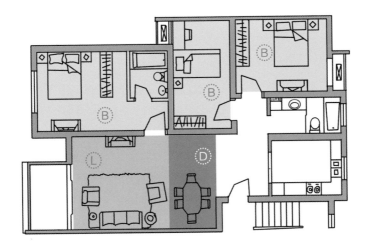

# 3. 小方厅型（B·D 型）

餐厅和睡眠休息空间隔离，其同时兼具就餐和部分起居、活动功能。常在人口多、面积小、标准低的情况下使用。

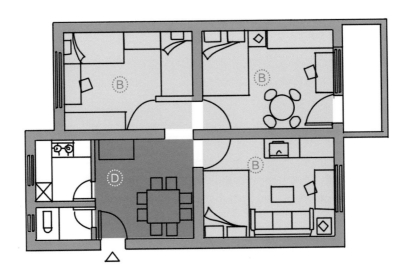

## 4. 起居餐厨合一型（LDK 型）

将起居、餐厅、烹饪活动设定在相邻空间或同一区域，再以此为中心设置其他功能。

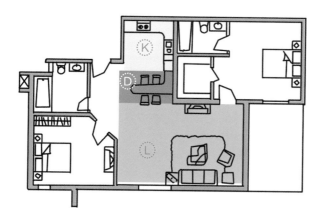

## 5. 三维空间组合

### （1）复式住宅的布置方式

将部分功能在垂直方向上重叠在一起，充分利用了空间，但需要较高的层高才能实现。

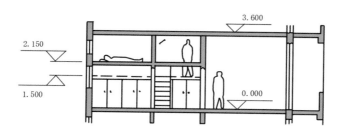

### （2）跃层住宅的布置方式

住宅占用两层的空间，通过户内楼梯来联系各个功能空间。

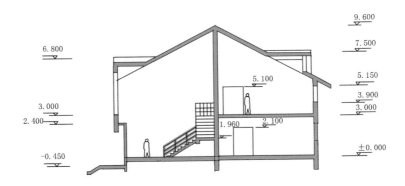

### （3）变层高的布置方式

进行套内分区后，将人员使用多的功能布置在层高较高的空间内，将次要的空间布置在较低的层高空间内。

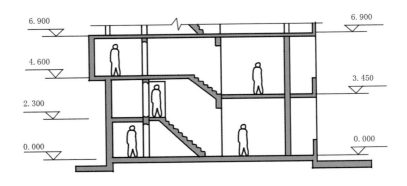

# 四、功能空间规划

了解各个功能空间常见的布置方式，有利于整体设计，可为后期进行家具布置与合理动线规划奠定基础。

## 1. 玄关空间

### （1）设置一个玄关的位置

有些户型没有设置玄关位置，人员在进入时没有相应的缓冲空间，会产生突兀感。设置一个玄关空间，则能避免这种情况。

◁ 实虚结合的玄关柜划定出玄关空间，满足过渡要求，也提高空间的交互性

### （2）较大的收纳空间

玄关的主要功能是满足出入时的换鞋、挂衣、小物品的放置需求，但这些收纳场景比较细碎，简单的一个鞋柜并不能完全满足，访客多的家庭更需要扩容，以满足更多的储物需求。

△ 嵌入式收纳柜，既节约空间又增加储物空间

### （3）防止视线的穿透

如果没有玄关的遮挡，在门口停留的人可能将室内一览无余，室内的隐私性荡然无存。

△ 玄关保持了独立性，有助于保护隐私

## 2. 客厅空间

### （1）确定核心区属性

不同属性核心区的空间划分和布置不同，应根据需求，确定核心区属性。通常来说，核心区属性有以下几种。

视听

最常规的属性，以茶几或电视机为中心进行格局划分

交流

将人与人之间的交流作为主体，弱化或摒弃视听功能

健身

取消茶几，保证前方充裕的运动区域

游戏

常见于有小孩的家庭，可为小孩提供娱乐区域，也防止磕碰

## （2）确定与其他空间的整合方式

客厅既可为独立区域，又可以与其他空间相互融和，形成较为开放的格局。

△ 客厅如果与餐厅和厨房做开放式结合，会使空间更大，动线更流畅

## 3. 餐厅空间

### （1）品酒休闲需求

针对有品酒喜好的人来说，在套内面积有限的情况下，可将品酒区和餐厅结合，在餐厅增加酒柜。

△ 靠墙处设计酒柜可以满足品酒的需求　　　　△ 酒柜也可具有装饰作用

### （2）充分采光

部分户型受限于先天格局，可能餐厅没有良好的采光，从而显得空间格局阴暗逼仄，导致用餐时的心情不够愉悦。

△ 餐厅和厨房、书房之间不设房门，保证餐厅采光

### （3）满足收纳

在餐厅空间中，餐桌使用率最高，存放的物品也繁杂，可以通过格局优化增加相应的储物空间。

▷ 餐椅下的收纳柜巧妙地为餐厅增加储物空间

△ 餐边柜与展示架结合，兼具实用性与装饰性

## 4. 卧室空间

### （1）舒适明亮的卧室

卧室应有充足的采光。朝北的卧室可以尽量将窗户做大，会让人身心舒适。

△ 卧室采光也是一项重要的指标

### （2）引入卫浴空间

通常是在原有的主卫基础上进行设计，若主卫面积不足则使用或占用原有过道、次卧的方式来打造卫浴空间。

▷ 卫浴空间一般位于主卧，能满足主人的淋浴需求

### （3）打造衣帽间

衣帽间设置在卧室比较方便收纳，且有条理不易杂乱。在卧室面积条件允许的情况下，设置衣帽间能够让卧室空间的使用效率更高。

△ 衣帽间的设计可以根据卧室空间大小决定布局方式

### （4）弹性需求的卧室

如果访客较多或户型较小，可以从公共区或半公共区借空间，将其打造成多功能的空间。

▷ 卧室与客厅之间采用旋转门进行分割，让卧室可以作为客厅附属的娱乐室使用

## 5. 厨房空间

### （1）丰富的储藏空间

一般家庭厨房都采用组合式吊柜、吊架，以合理地利用一切可贮存物品的空间，如吊柜、底柜等，增加厨房的利用效率。

③ 餐具器皿的收纳

① 较重的厨具收纳　　② 烹饪设备、电器的放置

## （2）足够的操作空间

厨房要有搁置餐具、食品的周转地方，要有存放烹饪器具和食材的地方，这些操作空间不仅要相互独立还要相互联系，因而在格局规划时可根据厨房的操作流程进行细分，设置足够的操作空间。

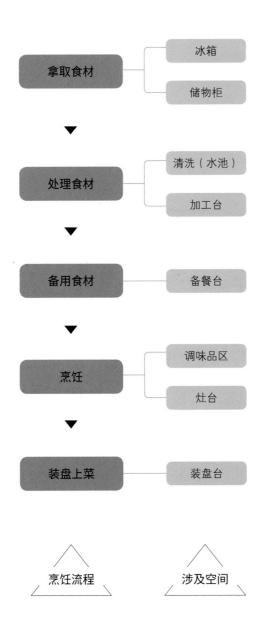

## 6. 卫浴空间

### （1）小型卫浴间格局规划

> 小型卫浴间面积在3～4m²左右，由单人盥洗区、便溺区、浴室几个基本功能模块组成。

小型卫浴间的布局以紧凑、舒适、合理为原则，在满足人体活动最小尺寸的条件下，使家庭成员都能方便、高效、舒适地使用卫浴间。

△ 小型卫浴间设计，主要满足实用需求

## （2）中型卫浴间格局规划

中型卫浴间面积在5~7m²左右，对于中小型住宅来说，中型卫浴间属于比较宽敞的主卫；对于大型住宅来说，属于中等大小的主卧卫浴间或者比较大的次卧卫浴间。

中型卫浴间较为宽敞，可以做到干湿分离或者卫浴分离，同时应该为使用者提供舒适、宽敞、独立的卫浴环境。

◁ 中型卫浴间可以满足干湿分离，相互独立的需求

一般中型卫浴间都是为主卧设置，多为双人盥洗空间，通道也比较宽敞，卫浴间内有足够的空间设置浴缸，坐便器最好有一定的隔断措施与其他空间分隔，做到卫浴分离。

◁ 双人盥洗空间方便家庭成员同时使用

## （3）大户型主卫格局规划

大型卫浴间面积在8m²以上，多出现在大型住宅的主人套间中。

大型卫浴间不仅仅是一个提供基本卫浴功能的空间，还可以做到每个功能模块都能各自成为专门独立的空间。

△ 盥洗区也可以设置梳妆台，扩大卫浴间的清洁、护理功能

# 五、不良格局改造与优化

带有缺陷的格局，会给居住者带来不舒适的居住体验。因此，对有缺陷的格局进行有效改造与优化，是室内设计必须要解决的问题。

## 1. 不规则格局

优化方法

① 巧建隔墙
② 隔墙拆除
③ 改变门的开启位置

该户型原本较不方正，而且户型中部立有一根柱子，使得内部空间的不规则性更加明显

该户型厨房与客厅之间通过一段折线墙分割，这一方面形成了客厅的畸形空间，另一方面也在厨房区域生成一块难以利用的三角区域

厨房　餐厅　客厅　卧室　卧室

# 2. 狭窄空间

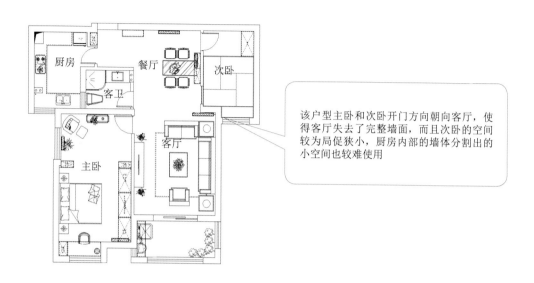

该户型主卧和次卧开门方向朝向客厅，使得客厅失去了完整墙面，而且次卧的空间较为局促狭小，厨房内部的墙体分割出的小空间也较难使用

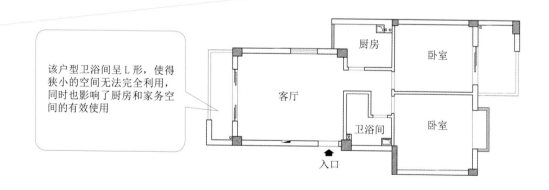

该户型卫浴间呈L形，使得狭小的空间无法完全利用，同时也影响了厨房和家务空间的有效使用

优化方法

① 隔墙改造

② 色彩弥补

## 3. 过道狭长

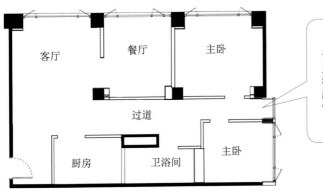

该户型非常规整，客厅、餐厅及主卧一侧面积较大，另一侧的面积较小，门的均匀分布使中间形成了一条狭长的过道，破坏了整体空间的美观性

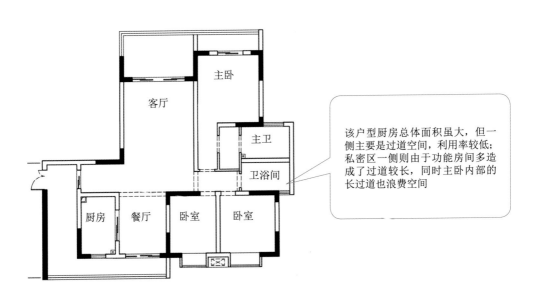

该户型厨房总体面积虽大，但一侧主要是过道空间，利用率较低；私密区一侧则由于功能房间多造成了过道较长，同时主卧内部的长过道也浪费空间

优化方法

① 巧设造型墙

② 色彩弥补

## 4. 动线不合理

该户型初看问题不大，但仔细观察会发现餐厅与厨房之间的动线、卧室与客卫之间的动线过长，使用时都需要穿过多个空间才能到达，使用较为不便

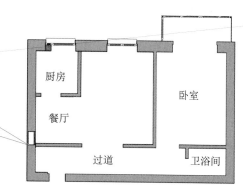

该户型通过一条过道来组织主动线，不足之处在于卫浴间在最里侧，致使客人如若需要盥洗必要经过卧室，主客动线交叉的范围较广。同时客厅完整的墙面过少，会影响客厅内部次动线的使用

优化方法

①墙体改造

②空间挪移

## 5. 采光条件差

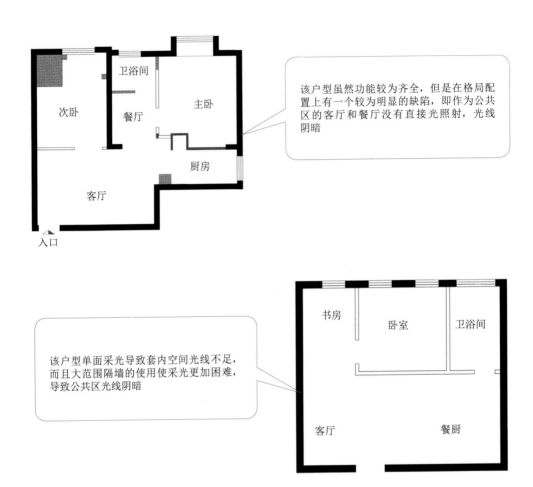

该户型虽然功能较为齐全，但是在格局配置上有一个较为明显的缺陷，即作为公共区的客厅和餐厅没有直接光照射，光线阴暗

该户型单面采光导致套内空间光线不足，而且大范围隔墙的使用使采光更加困难，导致公共区光线阴暗

优化方法

① 墙体改造

② 空间挪移

③ 色彩弥补

④ 材质反射

# 6. 功能空间不足

该户型的总体布局虽然较为方正，但是客厅与主卧之间的面积关系本末倒置，且次卧和主卧在分区时使用了不合理的分割方式，导致主卧不规整

该户型厨房与餐厅分离设置，直接导致功能空间的联动性减弱，使得相邻的餐厨关系尴尬，丧失了互动性

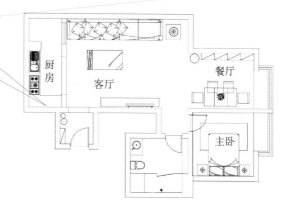

优化
方法

① 增加隔墙

② 建造多功能空间

③ 隔断分隔

# 7. 储物空间不足

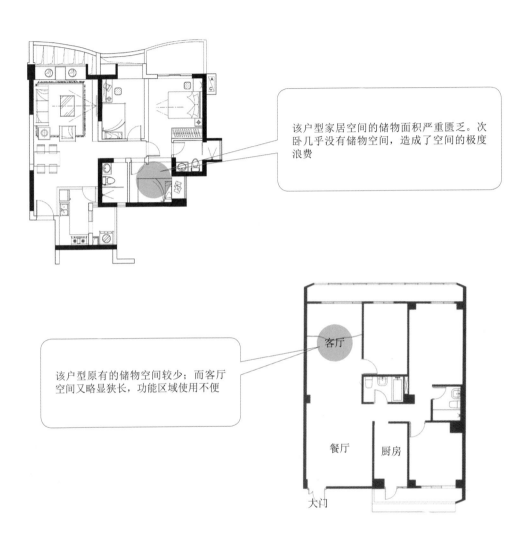

该户型家居空间的储物面积严重匮乏。次卧几乎没有储物空间，造成了空间的极度浪费

该户型原有的储物空间较少；而客厅空间又略显狭长，功能区域使用不便

客厅

餐厅

厨房

大门

优化方法

① 增加柜子

② 做榻榻米

③ 定制家具

## 8. 空间缺乏隐私性

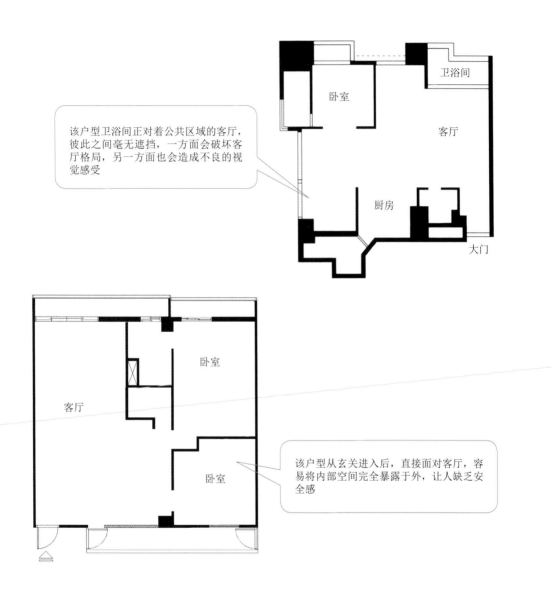

该户型卫浴间正对着公共区域的客厅，彼此之间毫无遮挡，一方面会破坏客厅格局，另一方面也会造成不良的视觉感受

卧室
卫浴间
客厅
厨房
大门

卧室
客厅
卧室

该户型从玄关进入后，直接面对客厅，容易将内部空间完全暴露于外，让人缺乏安全感

优化方法

① 微调入门动线
② 制作端景墙或隔断屏风
③ 改变卫浴门的方向

# 六、经典比例的空间应用

在室内设计中，控制线、几何定理以及模数的灵活运用十分普遍。

## 1. 控制线与几何定理

控制线是建筑设计的方法之一，用它来创造数学性的抽象形体，可以得到一种优美的规律感。而几何定理同样为设计的法宝，常用的如勾股定理、黄金比例分割原则，使空间设计像作图一样严谨。

▷ 巴黎圣母院建筑在高度的比例是 1:1:1，建筑是由两个半圆形的控制线来控制的

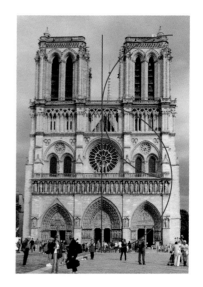

△ 壁炉的整体墙面是由一个椭圆做的整体和一个与之相切的小椭圆，整体的斜线经过小椭圆的中点，而下方的壁炉的对角线跟整体墙面的对角线垂直，整体有一种数学之美

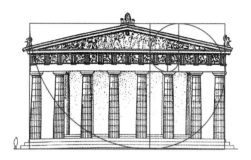

△ 帕提农神庙是典型的运用黄金比例分割原则设计的建筑

▷ 整面墙运用黄金比例分割原则设计，使墙面的分割更具韵律感和美感

## 2. 模数制

在欧式古典建筑的设计中，常以某个构件为模数，IM（模），其他构件的尺寸为其倍数。目前设计中较常用的模数为3 的倍数，如3M、3.3M 等。

△ 模数的使用小到建材的尺寸、家具的层板间隔，大到室内拱券的高度和建筑的开间的使用

△ 以一块板为一个模数，展示出 1:3:1 的比例关系

# 第二章

# 动线规划

住宅空间的设计离不开动线的设计，不合理的动线设计会造成居室面积的浪费及功能区域的混乱。因此掌握住宅空间的动线设计，可以使住宅的设计更贴近生活，提高居住体验。

# 一、基本含义

　　动线是指日常活动的路线，它根据人的行为方式将一定的空间组织起来，通过动线设计分隔空间，从而达到划分不同功能区域的目的。

## 1. 动线较好的户型

　　从入户门进客厅、卧室、厨房的三条动线不会交叉，而且做到动静分离，互不干扰。

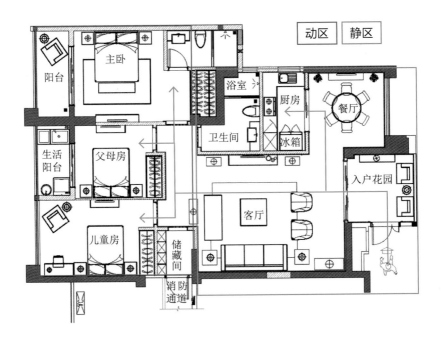

　　△ 从玄关—客厅—餐厅—主卧—厨房—儿童房—客卧，原本需规划六条主动线，但现在用一条贯穿的主动线来整合这六条移动的主动线，重叠一部分主动线，可以节省空间

## 2. 动线相对差的户型

三条主动线出现交叉和动线的位置不合理。

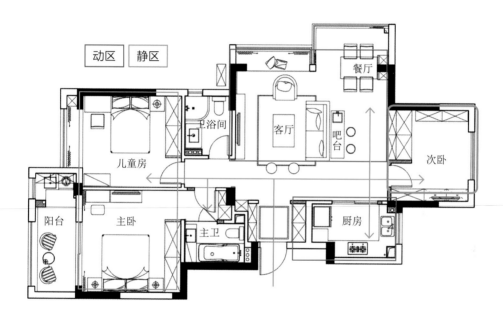

△ 虽然空间主动线有一定的重叠，但餐厅到厨房的移动相对而言会比较麻烦，在实际生活中，如果在厨房烹饪，到餐厅就餐，这一条动线太长较不方便，来回移动会浪费时间

# 二、分类划分

室内动线的分类有两种方式，一种是按人群划分，另一种是按运动的频繁性划分。

## 1. 按人群划分

也可以叫居住动线，关键在于私密，包括卧室、卫浴间、书房等区域

指从入户门到客厅的活动路线。访客动线尽量不与家人动线和家务动线交叉

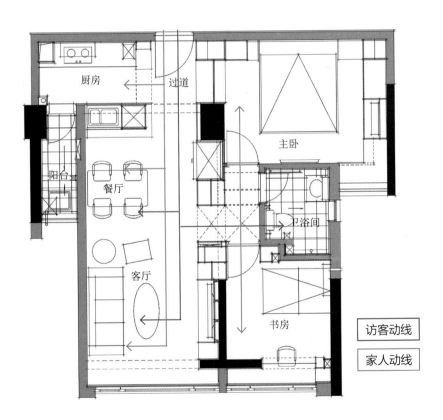

## 2. 按运动的频繁性划分

从一个空间移动到另一个空间的主要动线

在同一个空间内的琐碎动线与功能性的移动

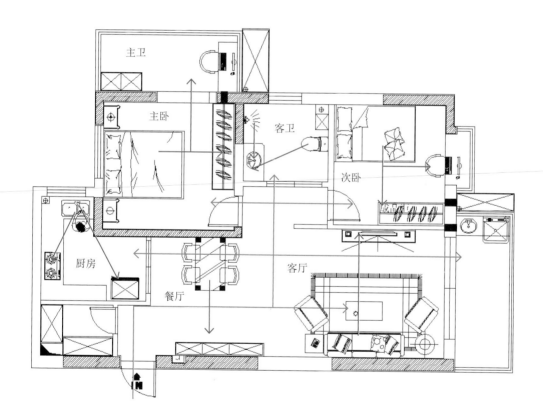

次动线    主动线

# 三、规划布局方案

掌握动线规划的规律，能够避免住宅空间设计时空间的浪费，提高空间利用率。

## 1. 根据空间重要性确定主动线

概括空间重要性排列，即按照通常意义上的功能定位对住宅进行大致的功能动线分析。

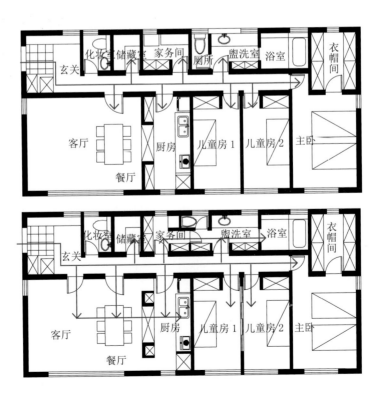

## 2. 依据生活习惯安排空间顺序

　　每个家庭都有不相同的生活习惯，会对空间有不一样的安排，因此便有了不相同的空间顺序，从而导致动线也不一样。

### 独立式厨房 vs 开放式厨房

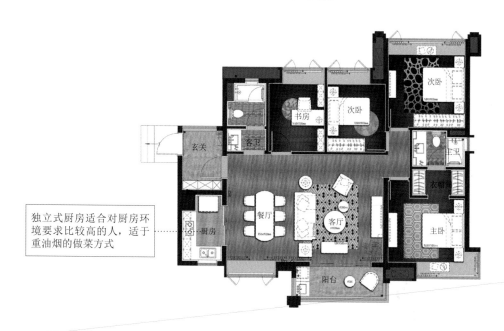

独立式厨房适合对厨房环境要求比较高的人，适于重油烟的做菜方式

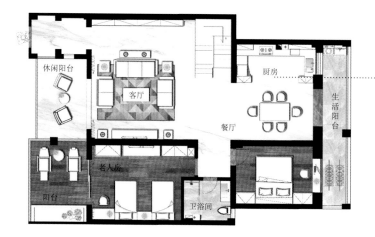

开放式厨房适合在烹饪时能兼顾其他活动的人，适于轻油烟的做菜方式

## 3. 分公、私区域安排格局配置

安排格局配置时，可以先将格局区分为公共区域和私人区域，然后从公共区域开始安排格局配置。公共区域通常有客厅、餐厅，也可再多安排一个弹性空间如书房。

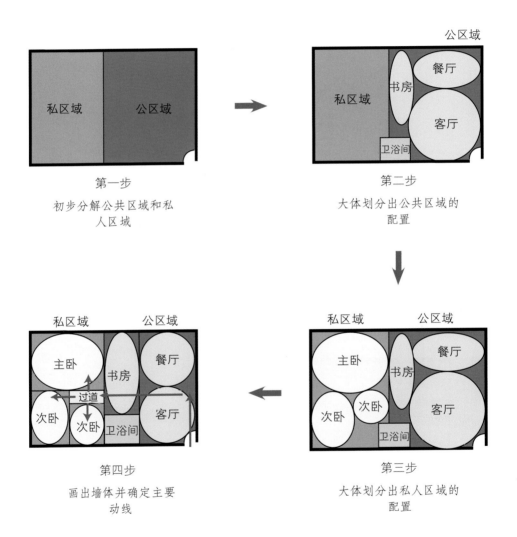

第一步

初步分解公共区域和私人区域

第二步

大体划分出公共区域的配置

第四步

画出墙体并确定主要动线

第三步

大体划分出私人区域的配置

## 4. 共用动线，重叠主次动线

### （1）主动线+主动线的重叠

将空间与空间移动的主动线尽量重叠，可以节省空间。

从玄关—客厅—主卧—厨房—次卧—书房，本来需要五条主动线，现在可以用一条贯穿的主动线来整合这五条移动的主动线，让主动线一直重叠可以节省空间，创造空间的最大使用效率。

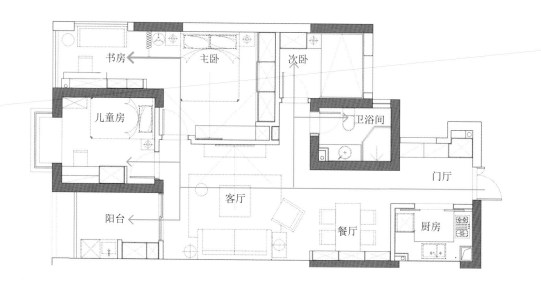

△ 将厨房、餐厅、客厅与阳台的主动线重叠，然后通过客厅两边限定出的虚拟过道将其他功能空间的主动线串联起来，形成较为简单的网状动线结构

## （2）主动线+次动线的重叠

主动线与次动线重叠，不仅节省空间，更能打造流畅的动线。

| 次动线 | 主动线 |

△ 将客厅移动到书房的主动线与客厅电视柜前的次动线整合在一起，就是主动线与次动线重叠

## （3）主动线+主动线+次动线的重叠

将主动线与主动线及次动线全部整合在一起，则可打造从一个空间到另一个空间的移动行走，或者是在空间中使用效能上的最佳流畅动线。

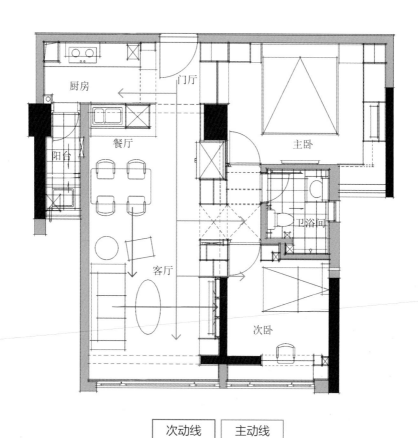

次动线　　主动线

△ 用一条共用过道整合所有的动线，包含从玄关—客厅—餐厅—厨房—卧室—卫浴间等空间移动到空间的主动线全部整合进这条过道，而这条过道还整合了使用客厅电视机与餐厨前面的机能次动线

# 四、功能空间动线需求

设计时了解各个空间的作用与特点，才能把握动线设计的整体概念，为后期进行家具布置与合理动线规划奠定扎实的基础。

## 1. 不同需求的客厅动线规划

### （1）招待客人型

针对这种需求，可将整体格局一分为二。一半是以客厅为主的公共区域，另一半是以卧室为主的私人区域，将公共区域与私人区域的主动线分开，客人在客厅活动时不会打扰到私人区域。

私人区域　公共区域

△ 对于经常邀请客人到家的家庭而言，客厅的需求偏向于接待型，因此客厅、餐厅或书房可以设计成开放式的空间，这样会有足够多元化的空间用于接待

## （2）家人相聚型

针对这种需求，最好将客厅作为主动线的起点，然后延伸至餐厅、卧室等区域，使得客厅成为中心连接点，利用主动线串联公共区域与私人区域，既能方便走动到中间的公共区域，同时也可以拥有个人空间。

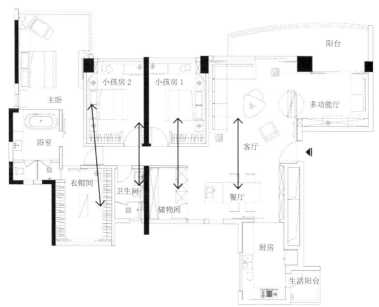

△ 客厅若是家庭成员看电视、交流的场所，不常用于接待，则可将主动线合并

## 2．不同需求的餐厅动线规划

### （1）避免油烟

要将餐厨进行隔离，而开关门会造成动线的短暂停顿，这种情况下要简化餐厅内与其他空间联系的动线，避免动线迂回。

△ 将玄关置于餐厅和厨房的中部能够延长动线，减少油烟的内部扩散

### （2）注重沟通交流

沟通交流动线实现的前提条件是要形成较为开放的空间，这种方式可以通过吧台、隔断、玻璃推拉门的方式实现。

△ 厨房、客厅之间没有明显的遮挡物，家庭成员可以在原位进行沟通交流，无须来回折返

## 3. 不同需求的卧室动线规划

### （1）满足收纳需求

简便的收纳设置方式应以床为出发点，这样可以减少动线迂回，而单独的更衣间使动线设计更加灵活。

———————
行动路线

———————
收纳路线

△ 床的右侧设置了收纳家具，不仅满足大容量收纳需求，也可将收纳动线集中在床的右边，减少与其他功能动线的交叉

## （2）满足阅读需求

阅读属于卧室的附加功能需求，在动线设计时有两种方式：一种是与其他功能的动线进行重合，减少走动范围；另一种是采用单独的阅读动线设计，减少与其他功能动线的交叉。

行动路线

收纳路线

△ 阅读动线仅设置在卧室，可以减少他人干扰

## 4. 厨房空间的动线需求

厨房设置是按照食品的贮存→准备、清洗→烹饪这一操作过程安排的，可将三个主要器具即燃气灶、冰箱和水槽组成一个三角形。因为这三个器具通常要互相配合使用，所以要设置在最适宜的位置以节省时间和人力。这三边之和以3.6～6m 为宜，过长和过短都会影响操作。

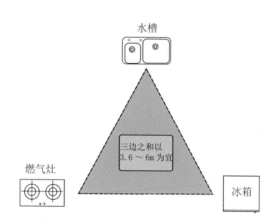

水槽

三边之和以
3.6 ～ 6m 为宜

燃气灶

冰箱

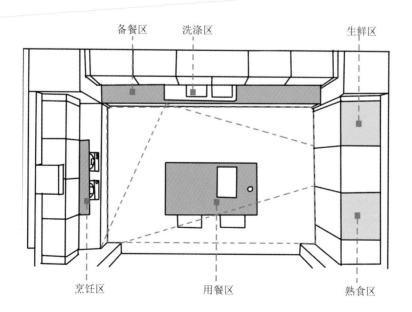

备餐区　　洗涤区　　　　　　　生鲜区

烹饪区　　　　用餐区　　　　　熟食区

　　通过分析下图操作步骤可以发现，洗涤区和烹饪区的往复最频繁，应将这一距离调整至1.22～1.83m 较为合理。为了有效利用空间、减少往复，建议将烹饪食材、刀具、清洁剂等以洗涤池为中心放置，在炉灶两侧应留出足够的空间，便于放置锅、铲、碟、盘、碗等器具。

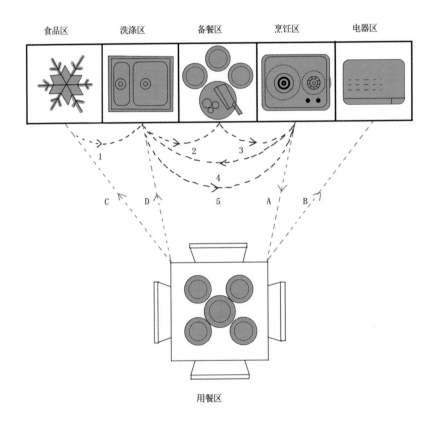

## 5. 卫浴空间的动线需求

卫浴空间动线配置应避开人员聚集处，设在走廊与卧室的中间，并分别与其保持一定距离；也可以与厨房配置在邻近玄关的位置，有利于管线集中。

行动路线

△ 为保护隐私，最好在规划时应确保卫浴门敞开时，从外部无法看到内部结构

# 五、不合理动线破解

由于住宅户型的不同，动线的规划也会随之有所不同，可能会产生不合理动线，在设计时要能识别发现并破解。

## 1. 改变门的打开方式

### （1）门内开

门内开时，可采用门顺墙开的方式。这种方式在门半开时就能够顺畅地走进去，而且行走的动线是多方向的。若不沿墙，则会在开门时出现一条过道，浪费套内空间。

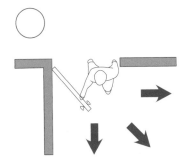

### （2）门外开

门外开时，可采用门顺墙而开的方式。这种方式在进出时相较于门不顺墙开的方式来说感觉更加宽敞。

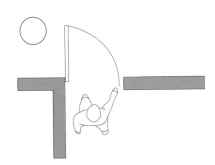

### （3）门外开且有墙

门外开且有墙时，可采用门顺墙向外开的方式。这种方式能够顺畅地走出。若门不顺墙开，而是采用往另一边开的方式，动线会受到阻碍，行走相当不便。

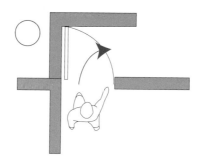

## 2. 布局调整

许多户型中常会出现长过道，不仅浪费空间，更会造成动线不明快。可以通过空间重新配置，重新调整整个格局，从而达到让过道"消失"的目的。

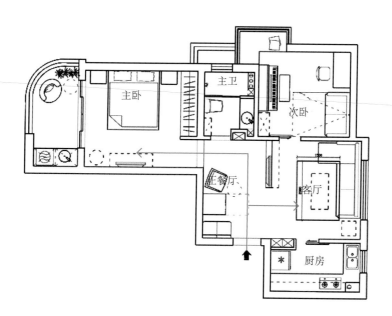

△ 在空间重新配置时，可以试着将私人区域规划在同一侧或者是将卧室往两侧规划，这样就不会出现过道

## 3. 优化过道动线

### （1）赋予过道实用功能

　　过道不仅是行走的动线，还可以根据业主的需求赋予其实用的功能。

▷ 过道另一侧设计了收纳柜可以收纳物品，减轻收纳压力

### （2）营造过道美感氛围

　　如果过道既明亮又富于设计感，就可以消除沉闷感。在设计时，可以利用灯具、界面线条或色彩创造视觉焦点。

▷ 过道墙面点缀装饰画，为白色系的空间增添视觉亮点

## 4. 预留未来的动线

规划动线时，不仅要考虑到现有居住成员的需求，还要考虑未来成员的增减，同时也要为日后各种可能的格局变化预留动线。

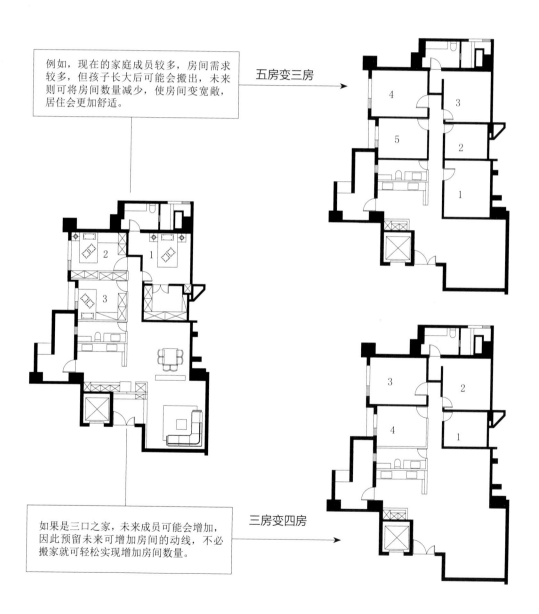

例如，现在的家庭成员较多，房间需求较多，但孩子长大后可能会搬出，未来则可将房间数量减少，使房间变宽敞，居住会更加舒适。

五房变三房

如果是三口之家，未来成员可能会增加，因此预留未来可增加房间的动线，不必搬家就可轻松实现增加房间数量。

三房变四房

# 六、空间动线优化

针对功能空间常见的动线问题进行破解与优化，有助设计出理想的住宅空间。

## 1. 客厅动线优化应用

优化前

该户型进门便是客厅，所有的主动线都以客厅为出发点，直接导致客厅缺乏电视墙，无法安排次动线。

优化后

在正对门处设置隔墙，使得动线需要转折才能到达客厅，同时将电视机到沙发的次动线与主动线进行合并，这样可重复利用动线，减少走动。

## 2. 餐厅动线优化应用

该户型原有设计是将客厅旁边的阳台作为餐厅使用，但这种方式导致餐厅面积较小，而且厨房和餐厅之间虽然只隔一面墙，却要经过两道门，动线不仅长而且还曲折。

将餐厅移位并且与厨房合设，从而缩短厨房与餐厅之间的动线，半圆形的配置形式能够容纳更多的就餐者。

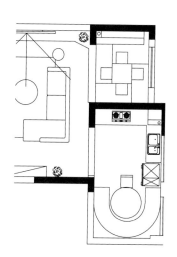

### 3. 卧室动线优化应用

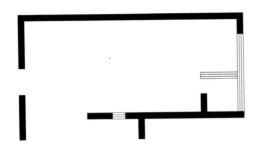

该户型从入户外就可直接将卧室陈设尽收眼底，在主动线的处理上直来直去，没有很好地保护隐私。

在客厅和卧室之间加装一道折叠门，这样既可以遮挡访客视线，访客动线也在折叠门前终止，在一定程度上保护了隐私。

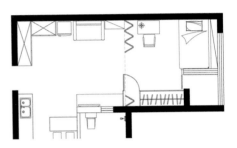

## 4. 厨房动线优化应用

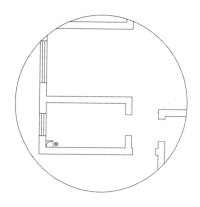

优化前

该户型厨房门紧挨着入户门，并且从厨房到餐厅需要绕圈，动线处理得不合理，日常使用非常不便。

优化后

改变厨房开门的位置，将门正对餐厅开启，大幅度缩短厨房到餐厅的动线距离，从而让餐厨穿行更加方便。

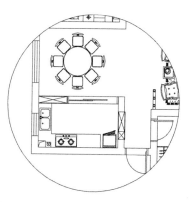

## 5. 卫浴间动线优化应用

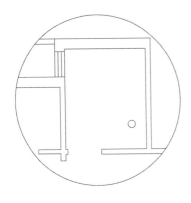

优化前

　　该户型坐便器排水管的位置靠近卫浴间门口，导致坐便器必须安装在进门的入口处。但该卫浴间开间不大，若坐便器安装在门口，卫浴间将会面临无法进入的问题，使得动线无法进行。

优化后

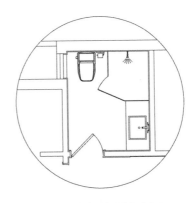

　　移动坐便器排水管到窗口位置，浴室的开门是斜向设计的，为卫浴间留出更多的活动空间，使得卫浴间活动更为顺畅，动线更加合理。

# 第三章

# 人体工程学

室内设计秉承"以人为本"的设计原则。因此，人体工程学是室内设计中必不可少的一门知识，了解人体工程学可以使装修设计尺寸符合人的日常活动需求。

# 一、基本功能

　　室内设计的人体工程学通过研究人体心理、生理特征，研究人与室内环境之间的协调关系，以适应人的身心活动需求，其目标应是安全、健康、高效能和舒适。

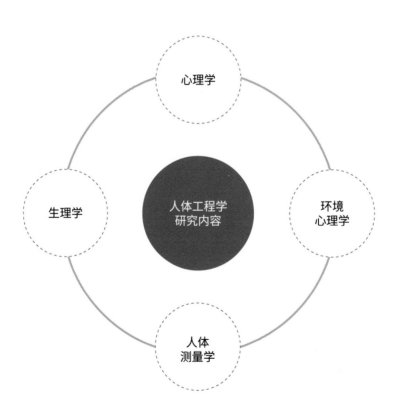

# 二、人体尺寸

人体尺寸是人体工程学研究最基本的数据之一，主要以人体构造的基本尺寸（又称人体结构尺寸，主要是指人体的静态尺寸）为依据。

我国成年人的人体尺寸对应（单位：mm）

| 项目 | 例图 | 性别 | 5 百分位 | 50 百分位 | 95 百分位 |
|------|------|------|---------|----------|----------|
| 身高 | | 男 | 1 583 | 1 678 | 1 775 |
|      |      | 女 | 1 483 | 1 570 | 1 659 |
| 眼高 | | 男 | 1 474 | 1 568 | 1 664 |
|      |      | 女 | 1 371 | 1 454 | 1 541 |
| 肩高 | | 男 | 1 281 | 1 367 | 1 455 |
|      |      | 女 | 1 195 | 1 271 | 1 350 |

| 项目 | 例图 | 性别 | 5 百分位 | 50 百分位 | 95 百分位 |
|------|------|------|----------|-----------|-----------|
| 肘高 | | 男 | 1 195 | 1 271 | 1 350 |
| | | 女 | 899 | 960 | 1 023 |
| 胫骨点高 | | 男 | 409 | 444 | 481 |
| | | 女 | 377 | 410 | 444 |
| 肩宽 | | 男 | 344 | 375 | 403 |
| | | 女 | 320 | 351 | 377 |
| 立姿臀宽 | | 男 | 282 | 306 | 334 |
| | | 女 | 290 | 317 | 346 |

| 项目 | 例图 | 性别 | 5 百分位 | 50 百分位 | 95 百分位 |
|------|------|------|---------|----------|----------|
| 立姿胸厚 | | 男 | 186 | 212 | 245 |
| | | 女 | 170 | 199 | 239 |
| 立姿腹厚 | | 男 | 160 | 192 | 237 |
| | | 女 | 151 | 186 | 238 |
| 立姿上举手臂时中指指尖高 | | 男 | 1 971 | 2 108 | 2 245 |
| | | 女 | 1 845 | 1 968 | 2 089 |
| 坐高 | | 男 | 858 | 908 | 958 |
| | | 女 | 809 | 855 | 901 |

| 项目 | 例图 | 性别 | 5 百分位 | 50 百分位 | 95 百分位 |
|---|---|---|---|---|---|
| 坐姿眼高 | | 男 | 749 | 798 | 847 |
| | | 女 | 695 | 739 | 783 |
| 坐姿肘高 | | 男 | 228 | 263 | 298 |
| | | 女 | 215 | 251 | 284 |
| 坐姿膝高 | | 男 | 456 | 493 | 532 |
| | | 女 | 424 | 458 | 493 |
| 坐姿大腿厚 | | 男 | 112 | 130 | 151 |
| | | 女 | 113 | 130 | 151 |
| 小腿加足高 | | 男 | 383 | 413 | 448 |
| | | 女 | 342 | 382 | 405 |

| 项目 | 例图 | 性别 | 5 百分位 | 50 百分位 | 95 百分位 |
|------|------|------|---------|----------|----------|
| 坐深 | | 男 | 421 | 457 | 494 |
| | | 女 | 401 | 433 | 469 |
| 坐姿两肘间宽 | | 男 | 371 | 422 | 489 |
| | | 女 | 348 | 404 | 478 |
| 坐姿臀宽 | | 男 | 295 | 321 | 355 |
| | | 女 | 310 | 344 | 382 |

**在测量和设计时，数据的应用需要注意以下几点。**

够得着的距离：一般采用5百分位的尺寸，如设计站着或者坐着的高度时。

常用的高度：一般采用50百分位尺寸，如门铃、把手。

容得下的距离：一般采用95百分位尺寸，如设计通行间距。

可调节尺寸：增加一个可调节型的尺寸，如可调节的椅子和可调节的搁板等。

# 三、人与家具尺寸设计

了解了常见家具的尺寸，在设计时才能根据使用要求、空间大小选择家具。

## 1. 玄关家具尺寸设计

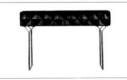

### 玄关台

宽 1 000 ～ 1 500 mm

深 300 ～ 450 mm

高 800 ～ 890 mm

### 玄关衣帽架

宽 1 500 ～ 1 800 mm

深 350 ～ 430 mm

高 1 350 ～ 1 650 mm

### 鞋柜

宽 800 ～ 1 200 mm

深 250 ～ 350 mm

高 650 ～ 1 200 mm

① 1 300 ～ 1 500 mm 玄关入口处尽量设置可保证两个人的通行间距
② 550 ～ 900 mm 换鞋区域需预留坐下换鞋的空间

## 2. 客厅家具尺寸设计

① 300 ～ 400 mm ，茶几的高度应与沙发、座椅坐时的高度一致

② 760 ～ 910 mm ，茶几与座椅之间的可通行间距

③ 墙面的 1/2 或 1/3，沙发靠墙摆放的最佳宽度

| 三人沙发 | 双人沙发 | 单人沙发 |
|---|---|---|
| 宽 1 750 ～ 1 960 mm<br>深 800 ～ 900 mm<br>高 700 ～ 900 mm | 宽 1 260 ～ 1 500 mm<br>深 800 ～ 900 mm<br>高 700 ～ 900 mm | 宽 800 ～ 950 mm<br>深 850 ～ 900 mm<br>高 700 ～ 900 mm |

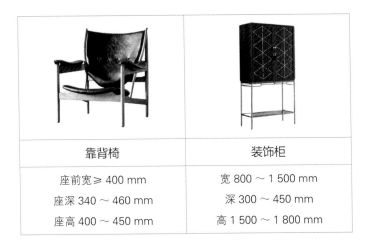

| 靠背椅 | 装饰柜 |
| --- | --- |
| 座前宽 ≥ 400 mm | 宽 800 ～ 1 500 mm |
| 座深 340 ～ 460 mm | 深 300 ～ 450 mm |
| 座高 400 ～ 450 mm | 高 1 500 ～ 1 800 mm |

① 1 500 ～ 2 100 mm，沙发与电视机距离，需具体根据客厅以及电视机的尺寸来确定

② 300 ～ 450 mm，茶几与主沙发之间要保留的间距

③ 1 000 ～ 1 300 mm，人坐时，双眼到电视机中心点的高度

## 3. 餐厅家具尺寸设计

① 1 210 ～ 1 520 mm，从桌子到墙的间距，适用于就餐时，椅子后侧可供一人舒适行走的距离

② 450 ～ 610 mm 为餐椅拉出的舒适间距，若餐厅面积小，则按照椅面座深设计即可

③ 760 ～ 910 mm，餐椅到墙的通行距离，极端情况下需侧身通行

| 长方桌 | 方形桌 | 圆桌 |
|---|---|---|
| 宽 ≥ 600 mm<br>深 ≥ 400 mm<br>净空高 ≥ 580 mm | 宽 ≥ 600 mm<br>深 ≥ 600 mm<br>净空高 ≥ 580 mm | 直径 ≥ 600 mm<br>净空高 ≥ 580 mm |

| 餐边柜 | 壁柜 | 餐椅 |
|---|---|---|
| 宽 800 ～ 1 800 mm | 宽 800 ～ 1 800 mm | 座宽 ≥ 480 mm |
| 深 350 ～ 400 mm | 深 400 ～ 550 mm | 座深 400 ～ 480 mm |
| 高 600 ～ 1 000 mm | 高 1 500 ～ 2 000mm | 座高 400 ～ 440 mm |

① 3 350 ～ 3 660 mm，此为标准的六人用圆桌餐桌直径，圆桌更方便家庭成员之间的交流

② 450 ～ 610 mm，圆桌就座区的宽度

③ ≥ 305 mm，餐椅与墙面的最小距离，小于305 mm，则一人侧身通过时可能会有困难

④ 3 350 ～ 3 650 mm，两侧都可供人侧身通过的六人餐桌配置间距，若餐厅面宽和进深无法满足，则要考虑更换设置方式

## 4. 卧室家具尺寸设计

① 500 ～ 600 mm，衣柜设置在床一侧时床与衣柜之间的最小间距
② 床的面积最好不要超过卧室面积的 1/2，理想的比例是 1/3
③ 400 ～ 600 mm ，床头柜的宽度

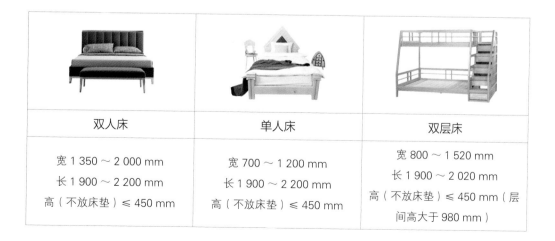

| 双人床 | 单人床 | 双层床 |
|---|---|---|
| 宽 1 350 ～ 2 000 mm<br>长 1 900 ～ 2 200 mm<br>高（不放床垫）≤ 450 mm | 宽 700 ～ 1 200 mm<br>长 1 900 ～ 2 200 mm<br>高（不放床垫）≤ 450 mm | 宽 800 ～ 1 520 mm<br>长 1 900 ～ 2 020 mm<br>高（不放床垫）≤ 450 mm（层间高大于 980 mm） |

| 双门衣柜 | 三门衣柜 | 五斗橱 |
|---|---|---|
| 宽 1 000 ～ 2 400 mm | 宽 1 200 ～ 1 350 mm | 宽 900 ～ 1 350 mm |
| 深 530 ～ 600 mm | 深 530 ～ 600 mm | 深 500 ～ 600 mm |
| 高 2 200 ～ 2 400 mm | 高 2 200 ～ 2 400 mm | 高 1 000 ～ 1 200 mm |

① 1 060 ～ 1 220mm，卧室放置一张桌子时椅子距离床的适宜距离
② 500 ～ 600mm，床周围可供一人通行需预留的距离

## 5. 厨房家具尺寸设计

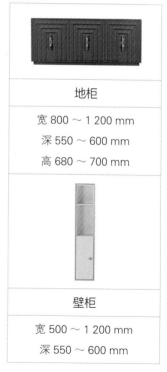

| 地柜 |
| --- |
| 宽 800 ～ 1 200 mm |
| 深 550 ～ 600 mm |
| 高 680 ～ 700 mm |

| 壁柜 |
| --- |
| 宽 500 ～ 1 200 mm |
| 深 550 ～ 600 mm |

① 890 ～ 920 mm，炉灶的标准高度

② ≥ 1 010 mm，炉灶工作区的宽度。通常为两人并排时的最小宽度

③ 600 ～ 1 800 mm，使用者站立时伸手到吊柜至垂手开低柜门的距离

④ 700 mm，抽油烟机的高度应是灶面到抽油烟机底部的距离

① 890 ～ 915 mm，水槽的高度

② ≥ 305 mm，水槽边缘与拐角处台面之间的最小距离，任意一侧满足此项条件即可

③ 710 ～ 1 065 mm，双眼水槽的长度。若设置单眼水槽，其长度为 440 ～ 610 mm

| 吊柜 | 收纳柜 | 搁板 |
| --- | --- | --- |
| 宽 800 ～ 1 200 mm<br>深 300 ～ 350 mm<br>高 300 ～ 750 mm | 宽 400 ～ 1 200 mm<br>深 350 ～ 500 mm<br>高 800 ～ 1 200 mm | 宽 400 ～ 800 mm<br>深 250 ～ 300 mm<br>高 20 ～ 30 mm |

① 1 400 ～ 1 765 mm，落地冰箱的高度。若柜下放置冰箱时，要事先考虑冰箱尺寸，以防容纳不下或者空隙过大影响美观
② ≥ 914 mm，冰箱前方留的距离。冰箱前方有足够的距离才能满足冰箱开关以及从中取物时的需求

### 冰箱

宽 550 ～ 750 mm

深 500 ～ 600 mm

高 1 100 ～ 1 650 mm

### 燃气灶（台式）

宽 740 ～ 760 mm

深 405 ～ 460 mm

高 80 ～ 150 mm

### 微波炉

宽 450 ～ 550 mm

深 360 ～ 400 mm

高 280 ～ 320 mm

## 6. 卫浴间家具尺寸设计

① 455 ~ 760 mm，洗手台到物体或墙的距离。455 mm 是弯腰洗脸时所需的最小距离

② 355 ~ 410 mm，两个洗手台之间的距离

③ 533 ~ 610 mm，洗手台台面的宽度

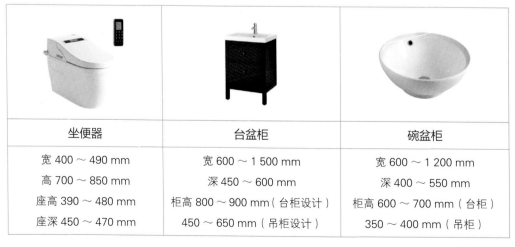

| 坐便器 | 台盆柜 | 碗盆柜 |
|---|---|---|
| 宽 400 ~ 490 mm | 宽 600 ~ 1 500 mm | 宽 600 ~ 1 200 mm |
| 高 700 ~ 850 mm | 深 450 ~ 600 mm | 深 400 ~ 550 mm |
| 座高 390 ~ 480 mm | 柜高 800 ~ 900 mm（台柜设计） | 柜高 600 ~ 700 mm（台柜） |
| 座深 450 ~ 470 mm | 450 ~ 650 mm（吊柜设计） | 350 ~ 400 mm（吊柜） |

### 立式洗面器

宽 590 ～ 750 mm

深 400 ～ 475 mm

高 800 ～ 900 mm

### 滚筒洗衣机

宽 600 mm

深 450 ～ 600 mm

高 850 mm

### 浴缸

宽 700 ～ 900 mm

长 1 500 ～ 1 900 mm

高 580 ～ 900 mm

① 男性：940 ～ 1 090 mm；女性：815 ～ 914 mm；儿童：660 ～ 813 mm，手盆的高度尺寸。可根据具体使用者进行定制化设计，优化动线的立体呈现

② ≥ 450 mm，坐便器到物体的距离。坐便器前需预留出保证如厕动作自如的距离

# 四、人体和环境的交互作用

人体工程学在室内环境设计中日益受到重视，人与物和环境间的设计方法也更有科学依据。

## 1. 光环境设计

一般的室内光环境设计中采用两种方式：自然光和人工照明。

### （1）自然光

① 自然光源类型

在白天才能感受到的自然光即昼光，昼光由直射地面的阳光（或称日光）和天空光（或称天光）组成。

② 自然光源采光部位

室内通过窗户接收光源，可根据不同需求进行改变，不同的开窗方式也会有产生不同的视觉效果，从而改变人对环境的感受。

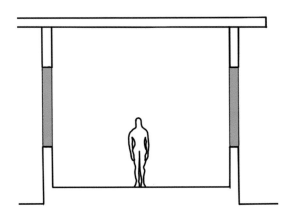

**侧窗**

横向窗给人开阔、舒展的感觉，竖向的条窗则有条幅式挂轴的感觉

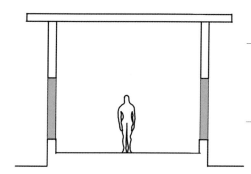

### 落地窗
窗台低矮，视线上没有遮挡，感觉室
内和室外紧密融合

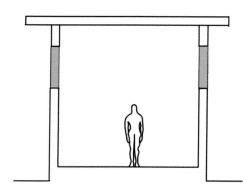

### 高侧窗
一方面减少了眩光，但另一方面进光
量有限，在一定程度上与外界隔绝

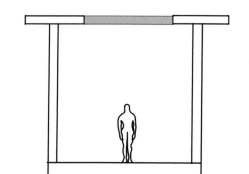

### 天窗
日照时间较长，进光量均匀

## （2）人工照明

不同灯具的组合方式也会带来不同的光环境效果，能耗和自然采光比相对较大。

### 间接照明

间接照明在灯具接近顶棚时可以达到几乎无阴影的效果，而且从顶棚和墙面反射的光，会给人造成顶棚变高的心理感觉

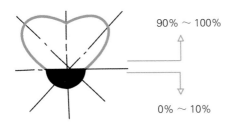

90% ～ 100%

0% ～ 10%

### 半间接照明

半直接照明是将 60% ～ 90% 的光向顶棚和墙面方向照射，10% ～ 40% 的光照射到工作面，顶棚是主要的反射光源。从顶棚反射出来的光线可以淡化阴影，优化整个照明区域的亮度

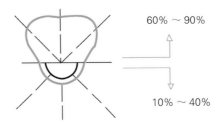

60% ～ 90%

10% ～ 40%

### 直接间接照明

直接间接照明装置，对地面和顶棚提供接近相同的照度，均为40%～60%，周围散射的光线较少，部分台灯或者落地灯能够达到这样的效果

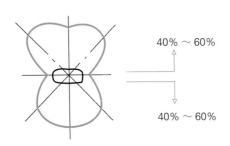

40% ～ 60%

40% ～ 60%

### 漫射照明

漫射照明对所有方向的照明几乎一样，采用这种照明方式时，为了避免眩光，灯的瓦数要低一点

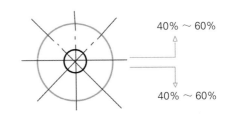

40% ～ 60%

40% ～ 60%

## 半直接照明

半直接照明装置中，有 60% ～ 90% 光向下直射到工作面上，其余 10% ～ 40% 光向上照射，因而从上方下射的照明能淡化阴影的程度就很低

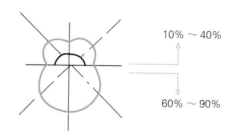

### 宽光束的直接照明

宽光束的直接照明会因强烈的明暗对比形成阴影。采用这种照明方式时，尽量用反射灯泡，否则产生有较强的眩光，鹅颈灯和导轨式照明就属于此种

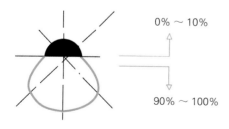

### 高集光束的下射直接照明

高度集中的光束形成光焦点，具有突出光效和强调重点的作用，可为墙上或其他垂直面上提供充足的照度

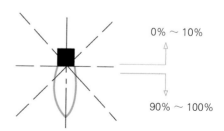

## 2. 声环境设计

为营造舒适宜人的环境，需要进行声环境设计，这其中的重点就是防噪声。

### （1）声音的传播方式

声音以波的形式在介质中传播。在室内设计领域，介质主要是指空气和固体。

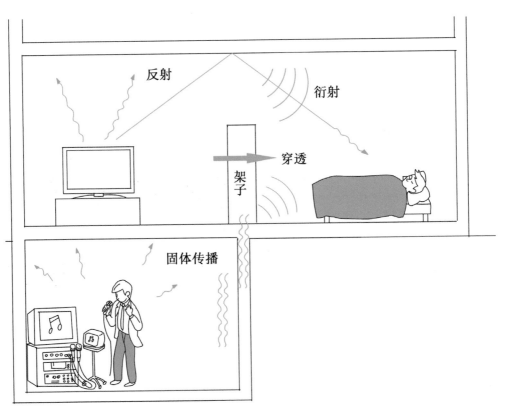

△ 声音通过空气、建筑物的墙壁、地面、天花板等进行传播，传入人耳

## （2）噪声

声音强度的不同，会在不同程度上刺激人耳，从而给人带来不同的心理效应。

**噪声级的大小与主观感受**

| 噪声级 /dB | 主观感受 | 实际情况 |
| --- | --- | --- |
| 0（A） | 听不见 | 正常的听阈 |
| 10 | 勉强听得见 | 手表的嘀嗒声、平稳的呼吸声 |
| 20 | 极其寂静 | 录音棚与播音室 |
| 25 | 寂静 | 音乐厅、夜间的病房 |
| 30 | 非常安静 | 夜间病房的实际噪声 |
| 35 | 非常安静 | 住宅区夜间的最大允许噪声级 |
| 40 | 安静 | 白天开窗的学校教室、安静区及其他特殊区域的起居室 |
| 45 | 比较安静，轻度干扰 | 白天开窗的纯住宅区中的起居室，为精力集中所要求声音的临界范围 |
| 55 | 较大干扰 | 水龙头的漏水声 |
| 60（B） | 干扰 | 中等强度的谈话声，摩托车驶过的声音 |
| 70 | 较响 | 会场中的演讲声 |
| 80 | 响 | 洗澡时冲水的声音，在中等房间大音量的音乐声 |
| 90 | 很响 | 厂房噪声 |
| 100 | 很响 | 气压钻机 |
| 110 | 难以忍受的噪声 | 木材加工机械 |
| 120（C） | 难以忍受的噪声 | 飞机起飞 |
| 140 | 有不能恢复的神经损伤危险 | 小型喷气式发动机试运转的实验室 |

注：dB，只是理论上的值，在现实中，必须使用一定的设备进行测量才能知道结果。有三种计量方式：A 计权声级是模拟 55dB 以下低强度噪声的频率特性；B 计权声级是模拟 55～85dB 的中等强度噪声的频率特性；C 计权声级是模拟高强度噪声的频率特性，单位为 dB(A)、dB(B)、dB(C)。

## 3. 热环境设计

### （1）空气温度

室内气温是影响人体热舒适的主要因素。空气温度在25 ℃左右时，脑力劳动的工作效率最高，人体感觉较为舒适。

△ 室内气温是表征室内热环境的主要指标

### （2）室内湿度

湿度直接或间接影响人体热舒适，它在人体能量平衡、热感觉、皮肤潮湿度、人体健康和室内空气品质的可接受方面有重要影响。

△ 室内环境相对湿度较大会造成物体潮湿，甚至会出现结露现象

### （3）室内气流速度

风速大有利于人体散热、散湿，提高热舒适度，但风速过大且空气的流动速度过大，会产生一种吹风感。

▷ 当室内空气流动性较低时，室内环境中的空气会得不到有效的通风换气

### （4）室内平均辐射温度

研究表明，为保持人体热舒适状态，空气温度与周围墙体温度相差不得超过7 ℃。

△ 平均辐射温度是室内热辐射指标，它取决于空间周围表面温度

# 五、心理、行为与环境关系

人的心理、行为与环境处于一个相互作用的动态系统中，人塑造了环境，与此同时环境又会引发人的生理和心理感受，并且不可避免地影响人的行为。

## 1. 环境行为

人和环境交互作用所引起的心理活动，其外在表现和空间状态的推移称为环境行为。

为满足人际交往需求——设置客厅——表现出接待行为

为满足餐饮需求——设置厨房和餐厅——表现出烹饪行为

为满足休息需求——设置卧室——表现出睡眠行为

为满足卫生需求——设置卫浴间——表现出盥洗行为

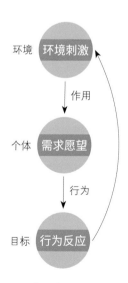

环境　环境刺激

↓作用

个体　需求愿望

↓行为

目标　行为反应

△ 环境行为的基本模式

## 2. 人的行为模式

人的行为模式就是将人在环境中的行为特性总结和概括,将其规律模式化。可以分为四种模式: 秩序模式、移动模式、分布模式和状态模式。

### （1）秩序模式

秩序模式是用图标记述人在环境中的行为秩序。

例如: 人在厨房的烹饪行为。

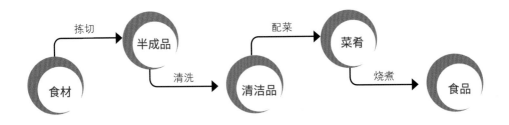

### （2）移动模式

移动模式是将人的移动行为的空间轨迹模式化。

例如: 室内移动行为。

移动便捷度，即空间选择概率

门厅 ← 10 ← 客厅 → 60 → 餐厅

客厅 → 30 → 卧室

### （3）分布模式

分布模式是按时间顺序连续观察人在环境中的行为，将人所在的二维空间位置坐标进行模式化。这种模式主要用来研究在某一时空中的行为密集度，可以为空间尺度和分布的合理设计提供依据。

### （4）状态模式

状态模式是基于自动控制理论，采用图解法表示行为状态的变化。

## 3. 行为与室内空间分布

不同的环境行为有不同的行为方式和规律，也表示出各自的空间活动和空间分布。

例如：烹饪行为对应的空间分布。

食材 → 粗加工场 拣切 → 半成品 → 洗槽 清洗 → 清洁品 → 台板 配菜 → 菜肴 → 烧煮 灶台 → 食品

△ 粗加工场、洗槽、台板、灶台是拣切、清洗、配菜、烧煮所对应的空间位置，也就是烹饪行为的空间分布。
受行为规律的制约，其空间分布也表现出相应的秩序

# 六、居住活动行为与空间规划

居住活动行为会影响空间陈设的布局与规划，根据场景的不同可以细化为通行、拿取、陈列和视听。

## 1. 通行行为与空间规划

### （1）客厅

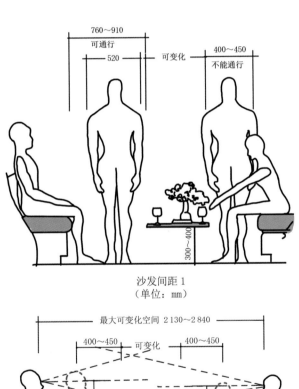

沙发间距 1
（单位：mm）

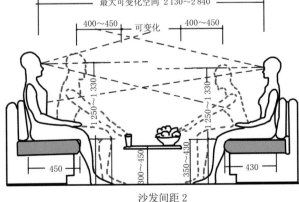

沙发间距 2
（单位：mm）

（2）餐厅

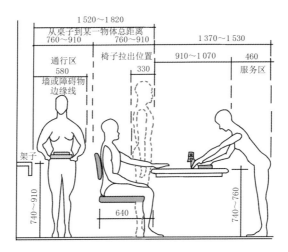

最小通行间距
（单位：mm）

（3）卧室

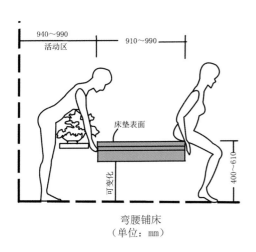

弯腰铺床
（单位：mm）

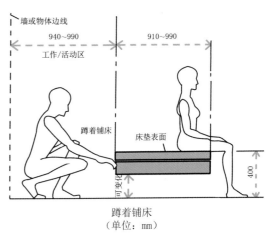

蹲着铺床
（单位：mm）

## （4）厨房

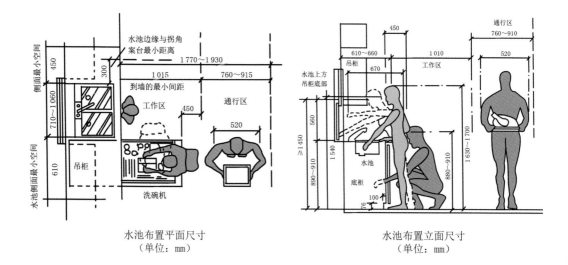

水池布置平面尺寸
（单位：mm）

水池布置立面尺寸
（单位：mm）

## （5）卫浴间

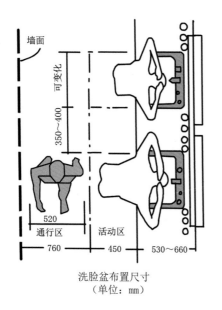

洗脸盆布置尺寸
（单位：mm）

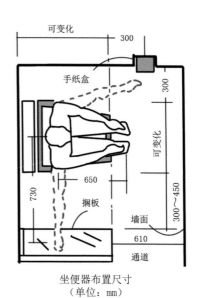

坐便器布置尺寸
（单位：mm）

## 2. 拿取行为与空间规划

### （1）客厅

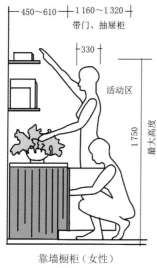

靠墙橱柜（女性）
（单位：mm）

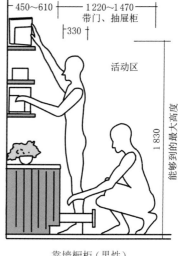

靠墙橱柜（男性）
（单位：mm）

### （2）餐厅

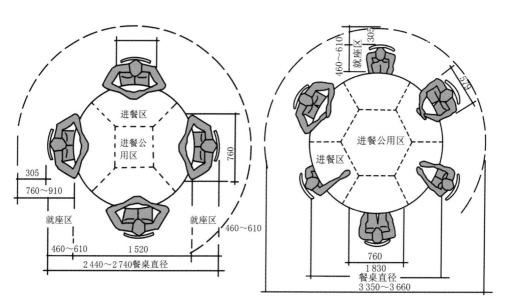

四人用圆桌（正式用餐最佳尺寸）
（单位：mm）

六人用圆桌（正式用餐最佳尺寸）
（单位：mm）

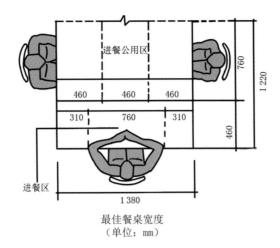

最佳餐桌宽度
（单位：mm）

## （3）卧室

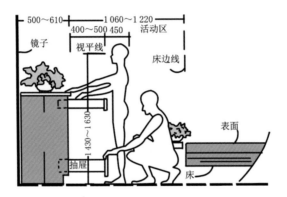

小衣柜与床的间距
（单位：mm）

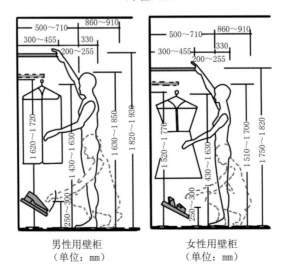

男性用壁柜
（单位：mm）

女性用壁柜
（单位：mm）

## （4）厨房

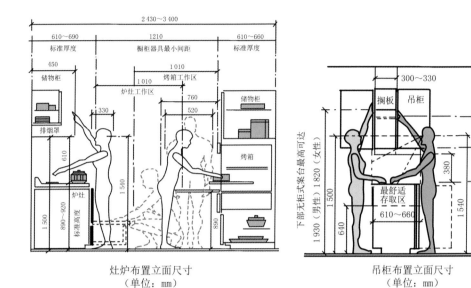

灶炉布置立面尺寸
（单位：mm）

吊柜布置立面尺寸
（单位：mm）

## （5）卫浴间

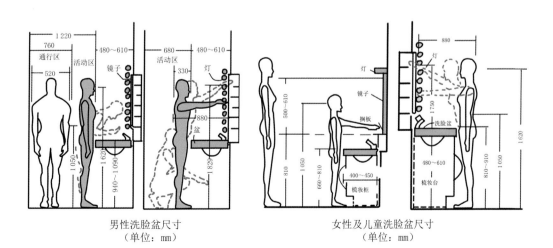

男性洗脸盆尺寸
（单位：mm）

女性及儿童洗脸盆尺寸
（单位：mm）

## 3. 陈列行为与空间规划

### （1）客厅

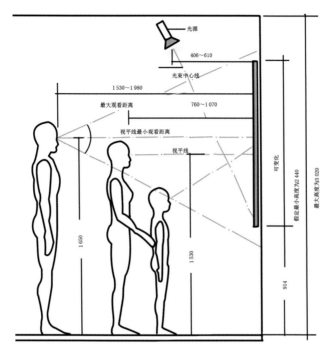

陈列品展示
（单位：mm）

### （2）卧室

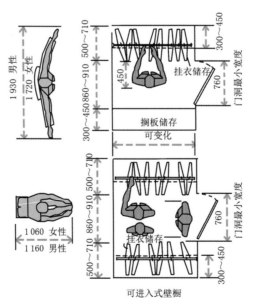

可进入式壁橱

衣帽间尺寸
（单位：mm）

## （3）厨房

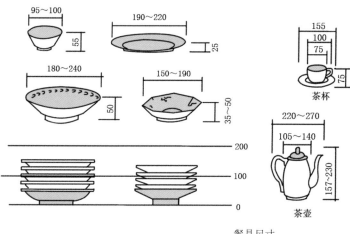

餐具尺寸
（单位：mm）

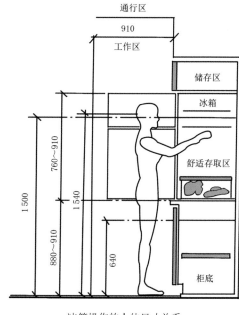

冰箱操作的人体尺寸关系
（单位：mm）

## 4. 视听行为与空间规划

### （1）客厅

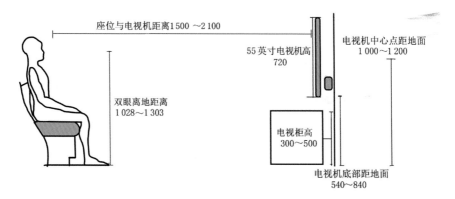

座位与电视机距离1500～2100

55英寸电视机高
720

电视机中心点距地面
1 000～1 200

双眼离地距离
1 028～1 303

电视柜高
300～500

电视机底部距地面
540～840

客厅电视机布置尺寸
（单位：mm）

### （2）卧室

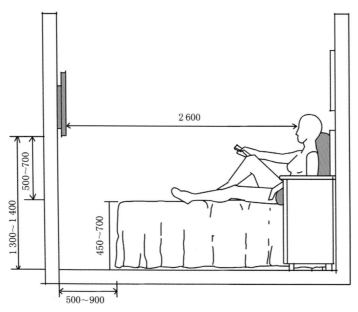

2 600

500～700

1 300～1 400

450～700

500～900

卧室电视机布置尺寸
（单位：mm）

# 七、环境设计的人性化改善

依据使用者的生活习惯和居住方式进行人性化室内设计，能有效满足不同人群对于室内环境的不同需求，营造出高质量与高舒适度的生活环境。

## 1. 人性化设计的意义

### （1）体现装饰装修美感

在装饰装修空间时，应该从整体角度考虑，以保证进入室内的人体舒适感。

方法一：注意地面与墙体颜色，尽可能达到和谐与统一，其会影响人的视觉感受。

△ 白色墙面与色调柔和的浅木色地面，共同营造出自然温馨的视觉环境

方法二：室内设施应合理搭配，确保与顶面、墙面、地面保持和谐统一。

△ 木质家具和布艺家具的组合，与顶面、墙面、地面呼应，强化统一感

方法三：背景墙的人性化处理，让室内墙面、地面之间更加和谐。

△ 电视背景墙以软装修饰为主，既方便更换风格又能增加空间艺术性

## （2）满足人回归自然的愿望

通过对室内环境的人性化处理，可以营造出更多自然性环境，满足人回归自然的愿望。具体设计包括合理布置盆栽、盆景等，能够消除人的焦虑感。

▷ 通过人性化处理营造出自然氛围，从而让身心得到放松

## （3）提升陈设艺术感

室内陈设设计应充分利用室外自然光线，与室内灯光相协调，共同烘托室内环境，营造出极富艺术感的环境，展现艺术品位。

▷ 自然光结合吊灯光线，为玄关陈设烘托氛围

## 2. 人性化设计在室内环境的应用方法

### （1）自然资源的利用

在设计时应整体考虑影响居住体验的因素，才能确保人性化设计的实现。在设计时要充分利用自然资源。

方法一：提升室内环境的绿化程度

适度的绿化，能够改善室内空气质量，具有清除灰尘、隔音降噪等作用，可以营造良好的室内氛围，缓解压力与紧张感。

▷ 绿化不仅可以改善室内空气质量，还可以作为天然隔断使用

方法二：保持适宜温度和湿度

空气环境影响着人的心理与行为，在设计时注意通风的状况，以及室内温度的调节。

△ 通常情况下，冬季温度最好保持在 20 ℃～ 22 ℃，夏季温度保持在 23 ℃～ 25 ℃

### （2）合理布局空间

现代化建筑的室内整体空间具有一定的局限性。轻质墙或者是移动屏风可以对室内空间进行有效分割与划分，使有限的空间发挥无限的效用。

△ 在夏季可以移动屏风，增强通风效果

△ 在冬季同样可以移动屏风，减少通风，这样有助于保持室内温度

## （3）采暖、配电与照明

采暖、配电与照明节能设计属于建筑室内环境艺术设计中的关键环节。在现代化室内环境艺术设计中主要是利用现代先进采暖技术进行采暖节能设计，在节能前提下可实现室内有效采暖。

△ 选择低能耗、高照度的照明设备，在设计中强化自然采光，尽量降低照明设备依赖

# 第四章
# 造型设计

在室内设计中，造型设计的核心就是室内空间的优化，通过对各种功能分区的造型设计，使有限的使用面积发挥最大的功效。

# 一、基本概念

造型是一种可视的视觉语言，造型设计对于要素的研究是十分必要的。造型是将各要素进行有机合理的组合，得到平面或立体的形态。

## 1. 点要素

在室内界面中，点会有形状、大小和面积的概念，并且这些因素对人的视觉感受有着重要影响，例如天花板上的筒灯，可以视为顶面上的点；装饰性的小幅挂画，可以视为墙面上的点。

△ 对顶面筒灯进行有规律、韵律的设计，使得顶面中的"点"成为具有方向感、流动性的"点"，增添空间的活泼感

## 2. 线要素

在室内界面中，物体的轮廓、块体的扭转、物料的结合处、人为的拼缝分割、物料的自然纹理等都会产生线的概念。线具有很强的表现力，这与线不同类型有密切关系，如直线、平行线、垂直线、折线和曲线产生不同感受等。

不同的线型给人的感受

| 直线 | 垂直线 | 折线 | 曲线 |
| --- | --- | --- | --- |
| 给人平静、秩序感 | 给人力量、挺拔感 | 给人跳跃、不稳定感 | 给人活泼、流动感 |

在室内界面设计中，应根据使用需求、空间性质并兼顾人的心理感受选择线的类型。例如：在低矮的室内空间，可以通过墙面的垂直线条设计起到在视觉上拔高空间的作用；在需要营造活泼、动感氛围的室内，可以使用曲线、折线等来增加空间的趣味性和灵活性。

△ 只要对线条的运用把握得当，任何线条都可以作为良好的空间造型语言

线条在界面装饰中非常重要的一项功能就是导向性。室内设计中常运用此特点进行一些兼具装饰性与功能性的设计。

▷ 在玄关空间，利用线条的导向性，将人的视线导向其他空间，从而达到强调室内重点区域的作用

## 3. 面要素

通过对顶面、墙面、地面进行不同的处理可以得到形式不同、视觉感受及心理感受不同的空间类型。

规则、几何化的面型处理

⬇

给人以简洁感、秩序感，符合大多数空间的需求及社会普遍的审美标准

曲面、异形的面型处理

⬇

会产生丰富的空间变化，给人耳目一新的视觉感受

## 4. 块体要素

在室内界面中，块体的厚重感与其空间造型各部分之间的材质、比例、色彩有着密切的关系。其中，材质的不同影响最大，如石材构成的块体给人厚重、结实、坚硬的感觉；木材构成的块体具有轻巧、自然的感觉；金属块体则是光滑、厚重的感觉。

◁ 背景墙利用柜体长方体的造型语言，按照一定原则进行排列与组合，做到了实用性与艺术性的完美结合

# 二、设计要点

室内界面的造型语言是室内界面形态具体体现的重要组成部分，其中的任何一种造型语言均具有相对的完整性，室内界面形态的表现呈现富于变化的统一美感。

## 1. 顶面设计要点

良好的顶面设计可以很好地满足所有辅助功能需求而又巧妙地隐藏相关管线设施，在顶面均匀布设如空调风口、照明灯具、烟感、喷淋和扬声器等，给人视觉上的清爽感。

## 2. 墙面设计要点

墙体的装饰设计在达到室内整体艺术装饰效果时，除了满足使用功能和精神需求外，还应该考虑安全性。

## 3. 地面设计要点

地面设计功能性需求：耐磨、耐脏、耐腐蚀、防潮、防水和防滑等；某些区域还要求具备保温、防尘、防静电、防辐射和隔音等特殊功能。

# 三、空间造型的意境表达

对于室内空间而言，意境能表达空间的"思想"和"情感"，能营造出意境深远的空间。作为空间设计的组成部分，空间造型能否诠释空间存在的意义是营造空间意境成功与否的重要指标。

## 1. 形式与风格

空间造型营造出一种什么样的意境，与室内空间本身想表达的气氛要一致。否则会造成使用者对室内空间风格的认同难度，不利于室内空间整体审美功能的实现。

▷ 墙面造型与空间风格一致，追求自然放松的意境

## 2. 审美与品位

在对空间造型的形式与风格进行选择时，不仅要考虑是否符合室内空间使用性质，还要考虑居住者的审美角度以及品位喜好。

△ 个性感十足的空间造型适合追求时尚潮流的居住者

△ 简洁利落的空间造型可以通过细节设计为空间增添灵动感

117

# 四、空间造型表现手法

现代空间模型的界面具有三维特性，可以利用计算机三维辅助设计软件展现复杂的造型，并应用于室内界面设计。

## 1. 视错觉

适当利用某种形式的视错觉，对于改善室内空间，提升环境和感官的舒适度会产生意想不到的效果。

▷ 地面设计为动感的视错觉图案，使空间富于动感

## 2. 平面设计元素

若想平面设计元素应用于界面上达到立体的效果，可以通过利用空间界面本身具有的立体感，如墙角、立柱等，这样当平面设计元素应用于界面上时，就能够形成更加强烈的立体视觉效果。

▷ 平面设计元素借助视觉效果，构建了识别度很高的空间界面，相对于传统设计突出其个性特点

## 3. 折叠

在室内界面设计中，将界面进行折叠处理是近年来一些设计师常用的一个手法，它通过对界面的不同方向、不同角度不断叠加而成的极其复杂的界面，呈现强烈的动态视觉效果。它可以运用于一个单独的界面，也可以在几个界面穿插运用。

△ 一系列的折叠几何形态设计：空间界面全部采用了折叠的不锈钢材料，墙面与顶棚之间的三角造型，是由若干个割裂开的三角块整合而成的

## 4. 碎片

碎片主要是通过对空间形态的某种碰撞，使得形体本身破裂或者是对某个形体表面的结构发生变化，形成碎片的界面效果，从而创造一个崭新的室内空间界面形态，给人一种强烈的视觉冲击力。

△ Moonsoon 餐厅

△ 碎片设计给空间界面带来强烈的不稳定感，创造出一种动态的异形界面

## 5. 变形

界面变形就是对界面进行扭曲、拉伸，使形体错位变形，带来视觉冲击力。

室内界面的变形，突出了空间的特征和空间想表达的意境。

不规则曲面使空间界面形态优美生动，但如果空间所有的界面都是不规则曲面或者是没有形成一个整体形态，则界面设计会使空间杂乱无章。

△ 德国 DG 银行

△ 在当代室内空间界面中，不规则曲面变形一般作为独立界面形态，将其移植到一个规则的室内空间中，可以起到视觉焦点和视觉符号的作用

# 五、造型与形态的整体性构成手法

当空间造型语言与室内空间整体环境相关联时，空间造型会形成整体与和谐的空间形态。形态构成有各种不同的构成元素，运用在室内界面中，可以通过不同的组织、排列和处理手法，生成千变万化的造型和形态。

## 1. 材料统一的整体性表达

材料的统一是室内界面形态构成与造型语言整体性的要求。室内界面装饰往往以一种材料为主要的设计语言表达，占据主导地位，避免材料杂乱和装饰面积均分化。

△ 虽然界面装饰材料并不是完全的统一，但是木质材料占据了主导地位，室内的整体感仍然强烈

## 2. 色彩图案统一的整体性表达

在整个室内空间中所有的色彩图案保持高度的统一性，墙面、顶面、地面均采用相同色调及图案元素，使整个空间的视觉冲击力极强。

▷ 室内界面采用统一的米色调，同时在保持整体色调统一的基础上，利用明度的不同，使空间层次发生变化

另外，也可以在局部空间界面，应用相同的色彩图案元素，通过局部的统一融合整个空间的整体性。

△ 进行色彩图案设计时，根据不同空间的使用功能和空间主要服务人群决定色彩图案的类型

### 3. 构成元素统一的整体性表达

统一性和整体性的要求并不是一成不变的简单重复，而是要求室内界面中各部分的构成元素在符合美学原则的条件下有节奏、有韵律地变化。这样才能呈现具有整体秩序感的统一美感。

▷ 墙柜构成可以看作是块体的组合，极具立体感和视觉冲击感，同时具有实用功能

## 4. 界面模糊性的整体性表达

界面模糊性是指室内各个界面在视觉以及结构转折方面，具有很强的迷惑性和不确定性。界面模糊性的形成受到诸多方面的影响，如材质、施工、灯光等，在这些元素的共同作用下才能营造出视觉上的模糊性感受。

△ 墙面与顶面的交接自然无痕，没有明显的结构分界线，材质、色彩的运用也是如此

# 六、造型的形式美法则

形式美法则指客观事物和艺术形象在形式上的美的表现，涉及生活中各种形式因素（线条、形体、色彩、声音等）的规律组合。

## 1. 法则一：对比与统一

对比与统一是形式美法则中的重要法则，是相互依存又相互矛盾的统一体。

对比：通过色彩的对比、肌理的对比、形体的对比、材质的对比完成造型设计。

统一：与对比相对立的概念，将空间造型中的不同元素和形态、形式、材质统一起来，为空间造型的最终形态服务。

△ 以实木为主体的空间呈现统一的整体感，搭配钢材形成对比，从而形成统一中有着对比变化的效果

## 2. 法则二：节奏与韵律

在空间造型中，节奏与韵律以多种方式中存在着，节奏是韵律的单纯化，韵律是节奏的丰富化。例如，空间造型中的点、线、面都可以通过排列的不同、大小的不同、疏密的不同形成节奏。

△ 几何图案元素频繁出现在地毯、靠枕上，增加韵律感

### 3. 法则三：比例与尺度

在空间造型中，比例是指形体整体与部分、部分与部分之间的关系。形体的比例可以通过视觉感知，只有符合审美要求的比例才能设计出令人赏心悦目的造型。

◁ 装饰柜上的摆件运用黄金分割比例布置，给人留下深刻的印象

### 4. 法则四：对称与平衡

对称具有规律性，整齐、统一，但空间造型中的对称会产生呆板、单调的感觉，为避免这种情况，在设计时应适当使用不对称的因素。

△ 客厅的对称布局，给人自然、整齐的感觉

# 第五章

# 材料质感

材料是构成室内设计造型的物质基础，尽管材料的种类众多，但各种材料都有其自身的纹理、质感和触感特征。

# 一、属性分类

市场上装修材料种类众多，按照行业习惯可分为两大类：主材和辅材。主材是指装修中的成品材料、饰面材料和部分功能材料。辅材是指装修中要用到的辅助材料。

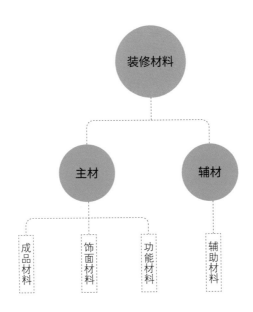

## 1. 主材

主材主要包括地板、瓷砖、壁纸壁布、吊顶、石材、洁具、橱柜、热水器、龙头、花洒、水槽、净水机、烟机灶具、门、灯具、开关插座和五金件等。

## 2. 辅材

辅材主要包括水泥、沙子、砖、板材、龙骨、防水材料、水暖管件、电线、腻子、胶、木器漆、乳胶漆、地漏、角阀、软连接和保温隔音材料等。

# 二、感受表达

不同的材料因其自身纹理、质感和触感等特征的不同，所表达的感受各不相同。

## 1. 木材

木材自身具有的纯天然特征是其他材质无法比拟的。纯天然的材料能使人愉悦，产生温馨、宁静的感受。

▷ 木材能够带来稳重、平和的感觉，对营造自然、原始的空间氛围有很大的作用

## 2. 布艺

布艺通过视觉与触觉共同作用于使用者感官，通过柔软的触感和温暖的视觉效果，使空间氛围更加温馨。

▷ 布艺能够营造温馨的空间氛围

布艺家具的舒适性选择

| 知觉 | 触觉方面 | 视觉方面 | 体感方面 |
|---|---|---|---|
| 表达词汇 | 松软、柔滑、柔韧、温暖等 | 光泽柔和、自然，纹理简单、清爽等 | 透气、吸湿、保暖、轻柔 |

### 3. 金属

金属的物理表面呈现原始的金属纹理和光滑色泽，能够营造出刚柔并济、挺拔刚劲、深沉稳重的视觉感受。

▷ 冷色调金属，给人严谨、冷峻的感觉，展现强烈的现代科技感

▷ 暖色调金属，给人华丽、奢侈的感觉

## 4. 玻璃

玻璃干净透亮，通过反射或折射影响视觉感受，产生心理舒适感。

△ 玻璃的透光性给人一种干净透亮的感觉

## 5. 塑料

亮丽的色彩，感觉光滑纯净却不单调；明亮的色彩，视觉对比鲜明，感觉明快清晰。

▷ 由于塑料的可塑性强、可着色性强等特点，因此在色彩、造型上的选择会相对多样

# 三、质感与肌理的关系

质感是指物体表面的质地作用于人的视觉而产生的心理反应，即表面质地的粗细程度在视觉上的直观感受。

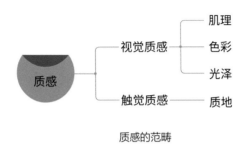

质感的范畴

肌理是指物体表面的形体形态和表面纹理，从肌理的本意来讲是偏视觉的，侧重于对客体（材料表面形式要素）的描述，人对材料肌理形成的感觉意向是质感的重要组成部分。

质地与肌理的范畴

材料的质地与肌理给人的感受主要来自视觉和触觉两个方面。所不同的是自然界中有些材料的质感表现为视觉优先，而另一些质感表现为触觉优先。一般图片、影像等反映的材料质感表现为视觉优先，而多数实物的质感表现为触觉优先。

# 四、色彩与材质的表现关系

　　色彩与质感的关系表现为两个方面：一方面是相同的色彩用于不同的材料肌理上时会呈现出不同的色彩效果，形成不同的风格；另一方面即使相同的材料肌理，应用的色彩不同，效果也会有明显的差异。

不同材质表现同一色彩时带给人的不同感受

色彩：黑色
材质：皮革

色彩：黑色
材质：布艺

色彩：黑色
材质：实木

# 五、质感与灯光的关系

空间中的亮度感受是光与材料表面相互作用的结果，不同材质表面的质感、色彩、造型和光线与被照射界面的位置关系，都会对光在空间中呈现的效果产生影响。

## 1. 不同质感结合光营造不同艺术效果

材料性质的不同，结合光可以营造出综合的艺术效果。另外，材料表面的固有颜色，对光的显色性产生影响，反之，光的强弱、颜色也对材料的呈现有很大的影响。

具有较强反射作用的光滑
表面（如玻璃、抛光金属、
大理石等），受到光照时，
表现出的光泽给人强烈的
视觉感受

粗糙的表面（如原木、
织物等）可以利用光照
产生细微的阴影，营造
一种凹凸有致的美感

## 2. 光线角度不同影响质感呈现

粗糙和重色调的材质表面，会对光有较多的吸收，光在照射时会发生折射，从而形成相对昏暗的空间，若要在粗糙和无光泽的表面（如布艺材质等）获得最大的表面亮度，需要光线垂直于表面，使材质表面有最大的反射率。当材质拥有光滑和反射性强的表面（如玻璃材质等）时，材质表面对光的反射，使光环境更明亮，空间会因光环境的明亮而显得更宽敞。

△ 通过透光的材质对空间进行隔断，在完成对空间功能划分的同时，不仅没有阻碍光线，而且使空间更明亮和富有层次感

当光线在空间中时，不同材质的物体显示出不同的视觉效果，并随着光线的改变而发生微小的变化，由于物体的形状并不会改变，因此能够获得整体性的同时，增添变化性。

△ 光与半透光的材质相互作用时，因透射系数不同而产生的散射光线，使空间光环境更柔和

# 六、材料质感的空间应用

营造不同风格的室内环境，不仅需要材质本身所表现的特性，还需要将多种材质完美地组合运用，体现材质具体的质感，从而充分地展现材质的美感。

## 1. 同一材质的质感组合

同一材质的质感组合是指将相同质感的材质组合在一起，使用不同的工艺，如对缝、拼角、压线等，将同一材质但肌理有差异和纹理走向不同的材质进行拼贴，从而丰富同一材质的视觉效果。

比如，不同种类的木材质感相同，但是不同种类的木材纹理走向是不相同的。使用这些不同的木材纹理进行组合，材质质感更丰满。

△ 柚木纹理直顺　　　　△ 水曲柳纹理多为曲线

△ 书房内的实木家具采用不同纹理的木材制成，空间产生疏密有致的层次感

## 2. 相似质感材质的组合

相似质感材质的组合是指将质感近似的不同材质进行组合，以达到协调室内空间环境的效果。

如常用的布艺纺织品的质感材质相似，同为纤维质地，虽然制成的原材料不同，但都展现柔和质感。

  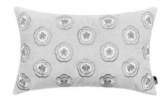 

△ 地毯　　　　　△ 餐桌布　　　　　△ 靠枕　　　　　△ 门帘

金属和玻璃虽然材质的物理性质不同，但都表现出冷硬和现代感，因此也属于相似材质。

①金属　　　　　②玻璃

　　在材质的色彩选择上，也可以选择相似的色彩对空间进行装饰，相似色彩材质的使用，能够使空间的色调处于同一个颜色范围内。相似材质的组合运用，在空间装饰设计中，起到调和和过渡的作用。

△ 书房使用的是相似材质的大理石材和钢材，都是相似的黑色，呈现出现代感

## 3. 对比质感的材质组合

对比质感的材质组合是指将不同质感的材质或质感差异较大的材质组合一起。材质有其自身特有的肌理、色彩、质地等物理属性，将表面粗糙的和光滑的、软性的和硬性的材质对比组合运用，产生强烈的心理对比和视觉感受，所形成的空间装饰效果也会不同。

△ 木材和金属的对比使用，空间具有现代文明感

△ 石材和布艺纺织品的对比使用，给人强烈的视觉冲击感

# 七、优化空间的质感组合

不同的材质蕴含了不同的文化，塑造了不同的气质，承载不同的情感表达。

## 1. 不同材质的对比构成法

### （1）肌理对比

不同材质具有不同肌理，同一种自然材质的肌理也是不同的。自然材质肌理自身可以形成对比，也可以与其他材质的肌理形成对比，但是相比之下木材的肌理对比较其他材质的肌理对比更为强烈。

△ 玻璃茶几表面的平滑感与布艺沙发表面的粗糙感形成对比，但又不显得突兀

△ 相同石材，但表面肌理不同，在不破坏客厅整体感的同时增加层次感

## （2）聚散对比

聚散对比也称疏密对比，与空间对比有着密切关联。密集的图形与松散的空间所形成的对比关系，是设计中必须处理好的关系之一。

△ 实木墙面松散的造型，与布艺沙发紧密的表面质感形成强烈的聚散对比，既醒目又整体统一

△ 实木与玻璃相结合的茶几，实木的紧密与玻璃的透明形成聚散对比

## 2. 动与静的和谐准则法

对称与均衡是两种经常使用的造型视觉平衡的手法。在室内设计中，材质的运用要做到视觉心理均衡，需要根据形态的体量、大小、色彩等因素来判断。在设计中，主要是通过视觉重心的合理布局来实现视觉的均衡。

△ 写实的实木茶桌充满动感，搭配纹理流动的大理石地砖与实木墙面形成动静对比，产生对称与均衡的效果

## 3. 肌理的律动之美法

律动包含节奏与韵律。韵律美表现在重复上，这种重复的首先是单元的相似性，或间隔的规律性；其次是节奏的合理性。节奏与韵律的运用，能够营造形象鲜明的视觉效果。

△ 重复陈列的实木书柜格奠定朴实、自然的基调，间或出现的蓝色收纳柜以不规则的排序为书房增添一丝活跃感

△ 实木材质奠定客厅温馨的氛围，藤编家具增强空间的律动感

## 4. 材质色彩的调和与运用

材质是色彩的载体，色彩不可能脱离材质而单独存在。色彩的使用给人最直接的视觉感受，然后是形态、质地和肌理等。

△ 色彩浅淡的布艺躺椅，在灰色的映衬下平添了几分冷硬感

△ 色彩艳丽的塑料茶几，在灯光下更显明快，成为客厅的视觉中心

# 第六章

# 装饰风格

不同家居风格对元素的应用各不相同，这就需要系统了解每种风格的特点，以及相近风格之间的差异，只有深入了解每种家居风格的特点及常用设计元素，才能与客户进行有效沟通，实现其对家居设计的需求。

基础巩固 —— 专项进阶 重点突破

# 一、发展历程

室内设计是多元化的产物，一种典型室内设计风格的形成，不仅与设计者的设计理念密切相关，更受不同时期的文化、地域等因素的影响。

## 1. 以时间为轴的风格历史

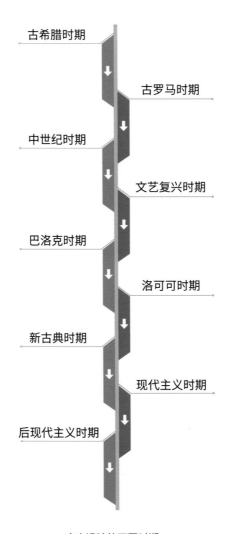

室内设计的不同时期

古希腊时期（公元前 800 年～公元 146 年）

古希腊时期的内饰简约，讲究对称。内室靠墙大多采用多利克柱式或爱奥尼柱式（不用科林斯柱式），一般采用希腊陶瓶及相应的希腊瓶画。家具造型结构简单、轻巧舒适，家具的表面大多施以精美的油漆

古罗马时期（公元前 753 年～公元 1453 年）

古罗马时期以柱式结构为主，最具意义的是创造出柱式同拱券的组合，如券柱式和连续券，既做结构，又做装饰。雕刻和镶嵌等，用料粗大，线条简单。地板大多用杂色的大理石，装饰奢华。银器在中层以上家庭中使用普遍

中世纪时期（公元 476 年～公元 1453 年）

中世纪前期的拜占庭和仿罗马式风格，追求空间的体量感，门窗上部为半圆形，门上饰以雕刻，空间内部以壁画、雕刻和玻璃画装饰。中世纪后期的哥特式风格，室内造型和装饰特点与同一时期建筑一样，垂直向上的线条营造出哥特风格独有的修长感和仪式感

文艺复兴时期（14 世纪～ 16 世纪）

意大利文艺复兴时期的室内装饰追求豪华，大量采用圆柱、圆顶，强调表面装饰，效果华丽

巴洛克时期（17 世纪～ 18 世纪 50 年代）

其艺术特征为打破文艺复兴时期整体的造型形式而进行了变形，在运用直线的同时也强调线条流动变化的造型特点，装饰过多，效果华美厚重。在室内，绘画、雕塑集中应用于装饰和陈设艺术上，色彩华丽且多使用金色，营造室内庄重、豪华的氛围

洛可可时期（18 世纪初～ 18 世纪 70 年代）

洛可可时期室内大多使用明快的色彩和纤巧的装饰，天花和墙面有时以弧面相连，在转角处布置壁画，家具也非常精致。通常采用不对称手法，常用弧线和S 形线条

新古典时期（19 世纪 40 年代～ 20 世纪 90 年代）

新古典主义风格一方面保留了材质、色彩的大致风格，可以感受古典主义深刻的历史痕迹与深厚的文化底蕴，同时又摒弃了过于复杂的肌理和装饰，简化了线条，与现代的材质相结合，呈现出古典而简约的新风格

现代主义时期（20 世纪初～ 20 世纪 40 年代）

包豪斯学派，强调突破旧传统，创造新建筑，重视功能和空间组织，注重结构构成本身的形式美，造型简洁，反对多余装饰，崇尚合理的构成工艺，尊重材料的性能

后现代主义时期（20 世纪 60 年代至今）

后现代风格强调建筑及室内装潢具有历史的延续性，但又不拘泥于传统的逻辑思维方式，探索创新造型手法，注重人情味，通常在室内设置夸张、变形的柱式和断裂拱券，或将古典构件的抽象形式以新手法组合在一起

## 2. 以地域为轴的风格历史

### （1）古代中国

以宫廷建筑为代表的中国古典建筑，室内装饰气势恢弘、壮丽华贵。造型讲究对称，色彩讲究对比，装饰材料以木材为主，图案有龙、凤、龟、狮等，精雕细刻、瑰丽奇巧。

中国传统风格的室内设计，在室内配置、线形、色调，以及家具、陈设造型等方面，汲取了传统文化的精华。

## （2）美洲区域

美式古典风格源自于欧洲文化，它摒弃了巴洛克和洛可可风格所追求的新奇和浮华，建立在对古典的新认识基础上，强调简洁、明晰的线条和优雅得体的装饰。

现代美式风格家居更注重实用与舒适，更加追求自由、随意、简洁、怀旧的氛围。色彩上主要以土黄、暗棕等自然色为主，家具则是古典家具的简单化和平民化，更加突出实用性。空间内部主要侧重于壁炉与手工装饰，追求粗犷大气、自然舒适。

### （3）欧洲区域

历史上，欧式古典风格经历了古罗马时期、古希腊时期经典建筑融合后，逐渐形成了包含山花、雕塑、门楣、柱式等主要结构的石质建筑装饰风格。

欧式古典风格追求华丽、高雅，典雅中透着高贵，深沉里显露奢华，文化和历史底蕴深厚。

新古典主义风格保留了古典主义风格装饰中的材质、色彩风格，历史的痕迹与深厚的文化内涵，新古典主义风格摒弃了过于复杂的肌理和装饰，简化了线条。

## （4）地中海区域

地中海风格的明朗之美，是在于它回归自然的真实感。粗糙感的白墙，彷佛是被海水冲刷后留下自然的印记；土黄色的阶梯、年代久远的圆顶造型建筑互相交织，形成强烈的民族特色。

色彩设计的取色源于地中海区域的自身特点，金色的沙滩、蔚蓝的天空和大海以及建筑风格的多样化，这些元素使得地中海风格的配色明亮、大胆且色彩丰富。

（5）东南亚区域

东南亚区域的设计风格以其来自热带雨林的自然之美和浓郁的民族特色风靡世界。东南亚风格之所以流行，源于其独特的魅力和亚热带风情。

取材于自然是东南亚区域设计风格的最大特点，由于地处多雨富饶的热带，东南亚家具大多就地取材，散发着浓郁的自然气息。

在色彩上以原藤、原木为主，或以褐色等深色系为主。东南亚地处热带，气候闷热潮湿，在装饰上常用夸张的造型或艳丽的色彩冲击视觉感受。

## （6）古代日本

古代日本风格受日本和式建筑影响，讲究空间的流动与分隔，流动则为一室，分隔则成几个功能空间，身处空间让人冥思静想，禅意深邃。

传统的日式家居采用自然界的材质大量用于居室的装修、装饰中，不推崇奢华，主张淡雅节制、深邃禅意，注重实际功能。

日式风格与大自然融为一体，借用外界自然景色，为室内带来无限生机。

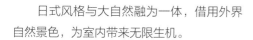

# 二、风格流派

现代室内设计从所表现的艺术特点分析，主要有高技派、光亮派、白色派、新洛可可派、风格派、超现实派、解构主义派和装饰艺术派等。

## 1. 高技派

**介义**：高技派突出当代工业技术成就，在建筑形体和室内环境设计中崇尚"机械美"。

**特点**：室内裸露梁板、网架等结构构件，以及风管、线缆等各种设备和管道，强调工艺技术与时代感。

△ 巴黎蓬皮杜国家艺术与文化中心

△ 中国香港特区中国银行

## 2. 光亮派

**含义：**光亮派也称银色派，在室内设计中强调新型材料和现代加工工艺的优势及效果。

**特点：**室内大量采用平曲面玻璃、不锈钢、磨光的花岗石和大理石等装饰面材。在室内环境的照明方面，常采用各类新型光源和灯具折射，在金属和镜面材料的烘托下，营造光彩照人、绚丽夺目的室内环境。

▷ 中国澳门特区新葡京酒店

▷ 玻璃隔断、不锈钢家具的使用，空间现代感十足

## 3. 白色派

白色派的室内环境朴实无华，室内各界面以及家具等基本以白色为基调，简洁明朗。

△ R. 迈耶白色派建筑

△ 白色派室内环境只是一种活动场所的"背景"，因此在装饰造型和色彩上从来不作过多渲染

## 4. 新洛可可派

**含义**：洛可可风格原为18世纪盛行于欧洲宫廷的一种建筑装饰风格，以精细繁复的雕饰为最大特点。

**特点**：新洛可可派继承了洛可可风格繁复的装饰特点，但装饰造型的载体和加工技艺采用现代新型装饰材料和现代工艺手法，形成华丽却不失时代气息的装饰风格。

▷ 新洛可可派大多采用地毯和款式华丽的家具，以营造人动景移、交相辉映的效果

▷ 新洛可可派重视灯光效果，大多采用灯槽和反射灯

## 5. 风格派

**含义：**风格派起源于20世纪20年代的荷兰，是以画家P. 蒙德里安等为代表的艺术流派，强调纯造型的表现，从传统及个性崇拜的约束下解放艺术。

**特点：**风格派常采用几何形体以及红、黄、青三原色，间或以黑、灰、白等色彩相配。在色彩和造型方面具有个性鲜明的特征，常以几何方块为基础，对建筑室内外空间采用内部空间与外部空间穿插统一构成一体的手法，并对块体进行强调。

△ 荷兰海牙市政府

△ 赫里特·里特费尔德设计的红蓝椅

△ 以红、黄、蓝为主题，将艺术融入住宅空间中

## 6. 超现实派

**含义**：超现实派追求超越现实的艺术效果，在室内配置中常采用异于常态的空间组织、曲面或具有流动弧形的界面。

**特点**：浓重的色彩，变幻莫测的光影，造型奇特的家具与设备，有时还以现代绘画或雕塑烘托超现实的室内环境气氛。超现实派的室内环境较为适合有视觉形象要求的进行展示或娱乐的室内空间。

△ 扎哈·哈迪德设计的北京银峰 SOHO

△ 不规则顶面造型、雕塑装饰、变幻的灯光效果和奇特造型的家具融合成具有超现实感的室内环境

## 7. 解构主义派

**含义：**解构主义是20世纪60年代，以法国哲学家J. 德里达为代表提出的哲学观念，是对20世纪前期欧美盛行的结构主义理论和传统的质疑和批判。

**特点：**建筑和室内设计中，解构主义派对传统、古典、构图规律等均持否定的态度，强调不受历史文化和传统理性的约束，是一种貌似结构构成解体，突破传统形式构图，用材粗放的流派。

△ 丹尼尔·里伯斯金设计的犹太人博物馆

△ 毕尔巴鄂古根海姆博物馆

## 8. 装饰艺术派

**含义**：诞生于20世纪20年代，并迅速传遍欧美，波及世界各地。一提到艺术装饰风格，人们很容易联想起呈阶梯状造型，注重装饰，采用放射状的建筑。

**特点**：装饰艺术派善于运用多层次的几何线型及图案，重点装饰于建筑内外门窗线脚、檐口及建筑腰线、顶角线等部位。

△ 美国纽约克莱斯勒大厦

△ 美国纽约帝国大厦

△ 艺术装饰风格的设计包含各种几何图形，凝练、简洁

# 三、传统风格

　　室内的传统风格是指具有文化历史特色的室内风格。一般相对于现代主义风格而言，强调历史、人文、文化的传承与延续。

## 1. 欧式古典风格

### （1）风格配色

| 金色 / 明黄色系 | | |
| --- | --- | --- |
| **金色 + 银灰色**<br>最能彰显奢华感的色彩组合 | **金色 + 红色**<br>彰显高贵感 | **金色 + 黑色 + 绿色**<br>彰显低调奢华感 |

| 红棕色系 | | |
| --- | --- | --- |
| **红棕色系 + 金色**<br>彰显奢华、大气的配色 | **红棕色 + 灰色**<br>增添典雅、绅士韵味 | **红棕色 + 米色**<br>空间配色层次更和谐 |

## （2）造型、图案的体现

### ① 罗马柱

古典欧式的室内罗马柱采用现代工艺技术，大多用大理石或石膏板制作而成，彰显空间的豪华、大气。

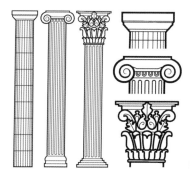

△ 大理石罗马柱是营造空间气派感的好帮手

### ② 拱及拱券

拱券是一种建筑结构。欧式古典风格的门、门洞和窗经常会采用此种形式。

### ③ 壁炉

壁炉是西方文化的典型载体，选择欧式古典风格时，可以设计一个真正的壁炉，也可以设计一个壁炉造型。

①拱券

②壁炉

### （3）材料的选用

① 石材
石材在欧式古典家居中被广泛应用于地面、墙面、台面、柱体等装饰，多种颜色的石材搭配，还可以做拼花

② 皮质软包
一般用于家具中的沙发、椅子、床头等，其纵深的立体感也能提升家居档次

③ 雕花实木
雕刻部分采用圆雕、浮雕或是透雕，尊贵典雅、融入了浓厚的欧洲古典文化

### （4）家具特征

| 兽腿家具 | 贵妃沙发床 | 欧式四柱床 | 床尾凳 |
| --- | --- | --- | --- |
| 其繁复流畅的雕花，可以增强家具的流动感，也可以令家居环境更具质感 | 贵妃沙发床有着优美玲珑的曲线，用于欧式古典家居中，可提升奢美、华贵气质 | 雕刻精美的欧式四柱床，提升了空间的华贵、典雅气质 | 床尾凳是欧式家居中具有代表性的设计，装饰性和实用性较强 |

## （5）装饰品摆放技巧

#### 水晶吊灯

水晶吊灯给人以奢华、高贵的感觉

#### 罗马帘

欧式古典罗马帘自中间向左右分出两条大的波浪形线条，是一种富于浪漫色彩的款式，其装饰效果非常华丽，可以为家居增添高雅古朴之美

#### 金框西洋画

在欧式古典风格的家居空间中，可以选用西洋画装饰空间。其以油画为主，特点是颜料鲜艳，能够充分表现物体的质感，可以营造出浓郁的艺术氛围

#### 雕像

将其摆放在楼梯两侧、客厅角落等空间，彰显出欧式古典风格的独特魅力

## 2. 中式古典风格

### （1）风格配色

| 黄色系 | | |
|---|---|---|
|  | | |
| **土黄色 + 棕色系** | **明黄色 + 闷色系** | **黄色系 + 绿色系** |
| 浓厚的中式古典感，但色彩较<br>深，适合大空间使用 | 沉稳大气，但厚重感有所降低 | 与前两种相比更清爽、淡雅，<br>具有对比感 |
|  |  |  |

| 中国红 / 中国蓝 | | |
|---|---|---|
| **大红色 + 蓝色 / 绿色** | **红棕色 + 青砖色** | **蓝青色 + 深棕色** |
| 大红色搭配蓝色或绿色，兼具<br>古典感和活泼感 | 红棕色的明清家具与古朴的青<br>砖结合，展现浓郁的古典感 | 最具沉稳、古朴感的中式古典<br>风格配色 |
|  |  |  |

**（2）造型、图案的体现**

① 垭口

随着人们对居住空间宽敞性和开放性的需求，垭口越来越多地将门在室内的位置取代，演变出另一种空间分割方式。

② 窗棂

窗棂是中国传统木构建筑中的框架结构设计，窗棂上往往雕刻有线槽和各种花纹，构成种类繁多的图案。

② 窗棂 ············· ① 垭口

③ 镂空类造型

中式古典风格中镂空类造型随处可见，如用于电视墙、门窗等，也可以设计成屏风，丰富室内的层次感。

△ 回纹　　△ 冰裂纹　　△ 镂空落地罩，实现隔而不断的通透感

## （3）材料的选用

① 青砖 / 青砖壁纸
墙面使用青砖或青砖壁纸，以达到
润心修身的效果

② 重色木材
在中式古典风格中，木材
的使用比例非常高，大多
为重色

## （4）家具特征

| 椅凳类 | 桌案类 | 榻类 | 博古架 |
|---|---|---|---|
| 椅凳类造型强调线条美。不以繁缛的雕饰取胜，注重外部轮廓的线条变化 | 桌案类家具造型古朴、方正。主要用于陈设各种欣赏器物，或山石盆景，以供赏玩 | 榻类家具一般狭长而低矮，雕工精致细腻，体现中式古典风格的大气典雅 | 博古架或隔断空间或充当屏障，或陈设各种欣赏器物，美化居室 |
|  |  |  |  |

## （5）装饰品摆放技巧

**宫灯**

宫灯置于室内，空间大而不空，厚而不重，营造出室内空间古色古香的温馨感

**书法装饰**

悠久的艺术将深厚的民族韵味定格在室内空间，渲染艺术氛围

**文房四宝**

文房四宝的摆放彰显中式古典文化的独特魅力

**茶案**

在客厅或书房中摆放茶案，既实用又美观，其精致的造型设计与古典美学相融合，营造与众不同的气质

**木雕花壁挂**

用于墙面装饰，彰显中式古典风格典雅的独特魅力

# 四、新古典主义风格

新古典主义风格保留了古典风格装饰材质、色彩的设计风格，注重历史的痕迹与深厚的文化内涵。新古典主义风格摒弃了过于复杂的肌理和装饰，简化了线条。

## 1. 简欧风格

### （1）风格配色

| 白色 / 象牙白 | | |
| --- | --- | --- |
| **白色 + 金属色** | **白色 + 黑色** | **白色 + 浅色** |
| 兼具华丽感和时尚感，金属色常出现在家具和挂画中 | 以白色为主搭配黑色、灰色或同时搭配两色，极具时尚感 | 融合舒适感和清新感的配色形式 |
|  |  |  |

| 淡雅色调 | | |
| --- | --- | --- |
|  | | |
| **淡蓝 / 绿色系** | **蓝色 + 大地色系** | **米黄色系 + 淡暖色** |
| 用于背景色、点缀色均可，展现清新自然的美感 | 家居配色更浓郁，营造出典雅的空间氛围 | 具有温暖感的空间配色方式，一般搭配冷色系饰品 |
|  |  |  |

## （2）造型、图案的体现

① 装饰线

简欧风格的家居，不宜做繁杂的造型，一般采用装饰线条处理顶面或墙面，突显空间层次感。

△ 象牙白的装饰线修饰墙面，增添空间的精致感

② 对称布局

简欧风格的对称布局，不仅体现在家具的摆放上，还可以是空间造型的对称、工艺品摆设的对称、软装图案的对称等。

△ 不论是家具还是灯具、摆件都呈现对称之美

### （3）材料的选用

① 欧式花纹壁纸
简欧风格中壁纸的一般选用有特色的欧式花纹，如大马士革花纹、卷草纹等，此类花纹雍容、繁复，体现欧式风格的华贵感

② 镜面玻璃 / 水晶
除了具有较强的时代感外，其反射效果能够在视觉上增大空间，令空间更加明亮、通透

③ 华丽布艺
简欧风格多采用织锦、丝缎、薄纱、天鹅绒等富于华丽质感的布艺，还有像亚麻、帆布这种硬质布艺。

### （4）家具特征

| 线条简化的复古家具 | 描金漆 / 银漆家具 | 猫脚家具 | 高靠背扶手椅 |
|---|---|---|---|
| 虽然摒弃了欧式古典家具的繁复，但在细节处还是会体现出西方文化的特色 | 典雅的造型风格，是简欧风格家居中经常选用的家具类型 | 这种形式打破了家具的稳定感，使人产生家具的各部位都处于运动之中的错觉。猫脚家具富于优雅的轻奢浪漫感 | 高靠背扶手椅，营造出浓郁华贵的意境，同时为居住者带来惬意的感受 |

## （5）装饰品摆放技巧

#### 欧式花器

欧式花器通常采用陶艺、金属等材质。华美的雕花，圆润造型，体现出欧式风格的华贵感

#### 欧式茶具

欧式茶具，可呈现华丽、圆润的形态，通常会进行简单的描金处理，用于简欧风格的家居中，可以提升空间整体美感

#### 线条繁复且厚重的画框 / 相框 / 镜框

简欧风格同样注重装饰线条的华美性，一般运用在相框、画框和镜框中

#### 油画作品

油画是欧式古典风格经常用到的装饰品，但简欧风格的挂画与欧式古典风格有些不同，边框不会做得烦琐，通常会进行简单的描金处理

## 2. 新中式风格

### （1）风格配色

| 无色系 + 米色 / 棕色 | | |
|---|---|---|
| **无色系同类配色**<br>兼具时尚感和典雅韵味的新中式配色方式 | **无色系 + 木色**<br>以无色系为主，少量搭配木色，可增添整体氛围的温馨感 | **无色系 + 棕色系**<br>点缀棕色系，可增添厚重感和古典感，营造出温馨的氛围 |
|  |  |  |

| 无色系 + 皇家色 | | |
|---|---|---|
| **无色系 + 红、黄**<br>最具中式古典韵味的新中式配色，展现皇家的高贵感 | **无色系 + 蓝、绿**<br>具有清新感的新中式配色方式，通常会加入蓝、绿色系 | **无色系 + 多色彩**<br>加入多色彩的新中式配色，典雅韵味中增添灵动感 |
|  |  |  |

## （2）造型、图案的体现

② "梅兰竹菊"图案
这些图案用于新中式的家居中，可
以营造出淡雅大气的空间氛围

③ 简洁硬朗的直线条
简洁硬朗的直线条不仅反映出现代
人追求简单生活的居住需求，更迎
合了新中式家居追求内敛、古朴的
设计风格

① 花鸟图
在新中式的家居空间中，花鸟图因
其丰富的色彩，将新中式风格展现
得淋漓尽致

### （3）材料的选用

③ 装饰面板 / 实木线条
新中式风格所用的实木一般
不采用雕刻繁复花纹，而是
以展现线条美为重点，增强
空间的纵深感

② 新中式花纹布艺
新中式图案的布艺营造出
高品质的新中式唯美风格

① 纹理清晰的石材
新中式家居中的石材选择没有什
么限制，各种花色均可使用，浅
色温馨大气，深色则古典深邃

### （4）家具特征

| 线条简练的中式沙发 | 无雕花架子床 | 简约化的博古架 | 圈椅 |
|---|---|---|---|
| 新中式的沙发融入了科学的人体工程学设计，结构严谨 | 继承传统中式架子床的框架结构，设计形式采用现代风格的审美视角，更为简洁、明快 | 颠覆传统的实木结构设计，放弃传统中式的繁复雕花造型，更具线条感 | 其简练带有弧度的线条，在以直线条为主的家居中起到点睛作用，营造出简洁而又富有造型感的空间氛围 |

## （5）装饰品摆放技巧

### 仿古灯

新中式仿古灯强调传统文化的再现，大多为清明上河图、如意图、龙凤图等中式元素，祥和而古朴

### 水墨装饰画

水墨画是中国传统绘画的代表。水墨画用于家居中，可以营造出典雅、素洁的空间氛围

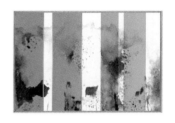

### 中式花艺

新中式风格的家居适合摆放古人喻之为"君子"的高雅植物，如梅、兰、竹、菊。植物要注重"观其叶，赏其形"的特点

### 茶台

新中式家居中摆放的茶具传递出雅致的生活品位

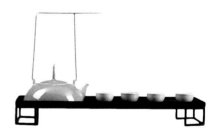

### 青花瓷

新中式风格家居中，摆放的青花装饰品，令居室空间韵味十足

# 五、现代主义风格

现代主义是以现实主义为设计思想基础；强调对技术的崇拜和功能的合理性与逻辑性。

## 1. 现代简约风格

### （1）风格配色

| 白色 + 其他无色系 | | |
|---|---|---|
| **白色 + 暖灰色 + 银色** | **白色 + 冷灰色 + 金色** | **白色 + 黑色** |
| 以白色为主可扩大空间感，搭配暖灰色和银色，可以营造出干净、简洁的空间氛围 | 白色与多种冷灰色结合的配色在无色系中最具层次感，可以营造出空间的现代感 | 神秘、肃穆的氛围，但最好搭配亮色的工艺品，否则易产生压抑感 |
|  |  |  |

| 白色 + 彩色点缀 | | |
|---|---|---|
| **白色 + 暖色系** | **白色 + 冷色系** | **白色 + 高明度对比色** |
| 提升空间温馨感 | 清爽、冷静，搭配浅色，营造清新感 | 活跃客厅、餐厅的氛围，宜小面积使用 |
|  |  |  |

## （2）造型、图案的体现

### ① 简洁的直线条

简洁的直线条能表现出简约风格的特点。塑造简约空间风格，需要将空间线条重新梳理，整合空间中的垂直线条，讲求对称与平衡。不做无用的装饰，采用利落的线条，确保视线空间中不受阻碍。

△ 直线条的家具在白色墙面的衬托下更显简洁、理性

### ② 大面积色块

划分空间的方式不一定只采用硬质墙体，还可以通过大面积的色块进行划分，这样的划分具有很好的兼容性、流动性和灵活性。另外，大面积的色块也可以用于墙面、软装等处。

△ 墙面大面积使用灰色乳胶漆搭配单一色系的家具和饰品，令空间充满流动感

### （3）材料的选用

① 浅色木纹饰面板
浅色木纹饰面板干净、自然，
适合简约风格

② 纯色涂料
纯色涂料装饰简约风格的家居，不仅能将空间营造得十分干净、通透，又方便打扫，可谓一举两得

### （4）家具特征

| 带有收纳功能的家具 | 直线条家具 | 巴塞罗那椅 |
| --- | --- | --- |
| 选用现代简约装修风格的居室面积往往不大，这就要求家具的体量要小，且带有一定的收纳功能，既不会占用过多空间，也会令空间显得更加整洁 | 简约风格在家具的选择上延续使用空间的直线条，横平竖直的家具不会占用过多的空间面积，令空间看起来干净、利落，同时十分实用 | 巴塞罗那椅造型优美，又不缺少精致的细节，符合现代简约风格，空间富有朝气，营造出简约而又不简单的生活气息 |

## （5）装饰品摆放技巧

### 无框画 / 抽象画

在墙面点缀无框画或简洁的抽象画，不仅可以提升空间品位，还可以达到释放整体空间感的效果

### 鱼线形吊灯

鱼线形吊灯外观明朗、简洁，配上简单的灯泡光源，构成独特的简约美

### 黑白装饰画

黑白装饰画运用在简约风格的背景墙上，既符合简约风格，又不会喧宾夺主

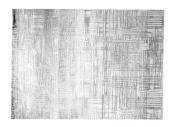

### 纯色地毯

简约风格在地毯的选择上，最好选择纯色地毯，这样就不必担心过于花哨的图案和色彩与整体风格起冲突

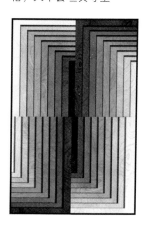

## 2. 现代时尚风格

### （1）风格配色

| 无色系 | | |
|---|---|---|
| **黑、白、灰组合** | **黑白灰 + 高纯度彩色** | **黑白灰 + 金色 / 银色** |
| 将黑、白、灰中的两色或三色组合作为空间的全部色彩，也可加入一两种低彩度色彩，例如深棕色 | 以黑、白、灰为基色，加入一两种高纯度的色彩，彩色与黑、白、灰形成强烈的视觉冲击 | 以黑、白、灰为基色，加入银色可增添科技感；加入金色可增添华丽感 |

| 对比配色 | | |
|---|---|---|
| **双色对比** | **多色对比** | **色调对比** |
| 用白色或灰色调节对比色，令空间具有强烈的视觉冲击力 | 用无色系调节，是现代风格中最活泼、开放的空间配色方式 | 用色调差产生对比，比前两种对比要缓和，但也具有视觉冲击力 |

## （2）造型、图案的体现

### ① 几何结构

现代风格空间中除了横平竖直的方正空间外，还会在空间中加入直线型、圆形、弧形等几何结构，令整体空间更具有造型感和充满无限张力。而几何图形本身就具有图形感，可以成为现代风格的居室中装饰设计的最佳助手。

▷ 几何形体的软装饰品，可以营造出空间的时尚感

### ② 点线面组合

点线面组合在现代风格的居室中的运用十分广泛。它不仅体现在平面构成中，立体构成和色彩构成也都能体现出点线面的关系。需要注意的是，线需要点进行点缀，才能灵活多变，但点多了就会感觉"散"，面多了就会感觉"板"，线多了就会感觉"乱"。因此在居室设计中，这些元素要灵活组合使用。

△ 客厅以点状的墙饰、灯具为点缀，令空间具有灵动感

## （3）材料的选用

③ 不锈钢
在灯光的配合下，可以形成晶莹明亮的高光部分，对空间环境的效果起到强化和烘托的作用。它可用于小面积的墙面造型、家具和装饰品中

② 镜面玻璃
玻璃饰材的出现，在通透中丰富了对现代主义风格的视觉理解。镜面玻璃作为一种装饰效果突出的玻璃饰材，可以塑造空间与视觉之间的丰富关系

① 无色系大理石
现代风格居室追求简约大气，搭配无色系的大理石材质，尽显独特魅力。大理石不仅可以做台面，还可以做垂直的墙面背景

## （4）家具特征

| 几何造型家具 | 线条简练的板式家具 |
| --- | --- |
| 在现代风格的空间中，除了运用材料、色彩等手段营造格调外，还可以选择造型感极强的几何型家具作为装饰元素 | 板式家具简洁、明快，布置灵活，而现代风格追求造型简洁的特性使板式家具成为此类风格的最佳搭配，多以装饰柜为主 |
|  |  |

# （5）装饰品摆放技巧

### 抽象画

现代风格家居的墙面悬挂抽象画，不仅可以提升空间品位，还可以起到释放整体空间感的效果

### 金属、玻璃灯具

灯具以金属、玻璃为灯罩，搭配金色、银色等金属色，可以营造出独具个性和品位的居室空间

### 玻璃饰品

色彩艳丽的小型玻璃制品选择摆放在客厅茶几或角几上，起到现代风格点睛之笔的作用

### 抽象金属饰品

抽象几何形态的金属制品点缀在现代风格的空间中，散发工业气息

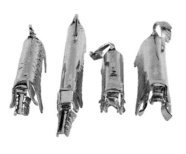

# 3. 北欧风格

## (1) 风格配色

| 无彩色为主色 | | |
| --- | --- | --- |
| **白色 + 灰色 + 黑色**<br>任意一种色彩均可做主色、背景色,另一种做配色、点缀色 | **白色 + 原木色**<br>白色为背景色,原木色为主色、配色;原木色常用于木质家具或家具边框 | **白色 + 其他色彩 + 金色点缀**<br>白色为主色,其他可以是浊色调的绿色、明色调的蓝色等;金色常用于灯具、装饰画框和花盆中 |

| 淡色调、浊色调色彩为背景色 | | |
| --- | --- | --- |
| **不同明度的蓝色为背景色**<br>最具清爽感的北欧风格配色,蓝色可以是淡色调、微浊色调,也可以是明色调 | **浊色调绿色为背景色**<br>墙面一般为浊色调绿色,加入白色进行调剂,文艺中带有一丝复古感 | **浊色调粉色为背景色**<br>粉色一般为微浊色调,增加唯美感 |

## （2）造型、图案的体现

### ① 常见造型

北欧风格的家居装修，室内空间大多横平竖直，基本不做造型，风格利落、干脆。但有些家具的线条则较为柔和，会有流线型的座椅、单人沙发等；灯具造型一般不会过于花哨，常见的有魔豆灯、几何造型灯具，北欧神话中的六芒星、八芒星等。

① 横平竖直的空间

② 魔豆灯

③ 线条柔和的茶几

### ② 常见图案

北欧风格的图案特色大多体现在壁纸和布艺织物上，通常为简练的几何图案，极少会出现繁复的花纹，常见的图案如棋格、三角形、箭头、菱形花纹等。

△ 绿植也是北欧风格中的常见图案

（3）材料的选用

② 原木
未经精细加工的原木很大程度地保留了
木材的原始色彩及质感，有独特的装饰
效果，在北欧风格家居中十分常用

① 白色砖（墙）
白色砖墙自然的凹凸及颗粒状的漆面，
保留了原始质感。其本身的白色，则
塑造出干净、简洁的北欧风格特点

（4）家具特征

| 板式原木家具 | 符合人体曲线的家具 | 伊姆斯椅 | 布吉·莫根森两人位沙发 |
|---|---|---|---|
| 以五金件连接不同规格的人造板材，可以生成千变万化的造型，是北欧风格家居中的常见家具 | "以人为本"是北欧家具设计的精髓，注重从人体结构出发，强调家具曲线与人体的完美结合 | 伊姆斯椅造型圆润，工艺精细，没有任何烦琐的修饰 | 非常适合小户型，温馨又不占用空间 |
|  |  |  |  |

## （5）装饰品摆放技巧

**照片墙**

选材范围广泛，绿植、自然景观、几何图形均可，也适合墙面装饰画

**网格架**

常见的有黑色和白色，造型简洁，不占用空间，可以用照片、绿植等装饰，散发文艺气息

**谷仓门**

谷仓门具有节约空间、安装方便、装饰性强的优点，原木色谷仓门材质天然，符合北欧风格

**"鹿"造型装饰**

鹿头壁挂装饰空间墙面，可打破墙面的单调感，令空间充满自然气息

**绿植/干花**

干花中的尤加利叶极具文艺气质，可搭配药瓶造型的玻璃花瓶

## 4. 现代美式风格

### （1）风格配色

| 木色 | |
| --- | --- |
| **旧白色 + 木色**<br>复古感的旧白色，与木色搭配，增添空间的温馨感 | **浅木色 + 绿色**<br>绿色常用于配色、点缀色，浅木色常用于家具、地面、门套、木梁等 |
|  |  |

| 比邻配色 |
| --- |
| 源于美国国旗的配色，除了蓝、红搭配，红、绿搭配也十分常见 |

### （2）造型、图案的体现

① 直线

现代美式风格相较于美式乡村风格，线条上有所简化，主要表现在家具造型上，会使用大量线条较为平直的板式家具。

△ 现代美式风格也会出现弧线线条，舒适和惬意

② 几何图案

相较于传统美式风格的厚重，现代美式风格大多使用平直的线条和几何图案，空间的现代感更为强烈。

△ 几何图案的软装，营造时尚的现代氛围

## （3）材料的选用

① 铁艺
铁艺材料灵巧自然，十分符合追求现代与古典融合的现代美式风格

② 木材
现代美式风格自然、质朴，木材是必不可少的室内用材

③ 棉麻布艺
棉麻的天然质感与美式风格质朴、自然的基调相融合，广泛运用在窗帘、抱枕、床品、布艺家具上。其中，本色的棉麻是主流

## （4）家具特征

| 布艺沙发 | 皮沙发 | 实木家具 |
| --- | --- | --- |
| 以棉麻为主材，或纯色，或条纹或格纹，少见繁复的花纹 | 不强调造型，使用铆钉工艺，现代气息强烈，空间更具时代特质 | 材质上保留了传统美式风格的自然感，造型上则贴近现代生活 |

## （5）装饰品摆放技巧

### 铁艺装饰

现代美式风格对于铁艺的使用主要表现在墙面挂饰上，精致、小巧，色彩多为白色、绿色

### 禽类摆件

家禽类中公鸡摆件较受欢迎，富于浓厚的乡村气息

### 花卉绿植

现代美式风格也同样适用大型盆栽，只需少量使用，再辅以中小型盆栽即可

### 金属摆件

摆件既可以现代感十足，也可以充满复古气息

# 六、自然风格

自然风格倡导"回归自然""返璞归真",追求在当今高科技、高节奏的社会生活中心理和生理的和谐。

## 1. 美式乡村风格

### （1）风格配色

| 大地色组合 | |
| --- | --- |
| **棕色 + 白色** | **棕色 + 米黄色** |
| 以棕色系为主,融合白色,兼具历史感和厚重感 | 米黄色与浅棕色的组合,营造出轻松、柔和又不失厚重感的美式乡村氛围 |
|  |  |

| 大地色 + 色彩点缀 | | |
| --- | --- | --- |
| **大地色 + 绿色** | **白色 + 大地色 + 绿色** | **大地色 + 蓝色** |
| 符合美式乡村风格的同时,为家居环境增添生机 | 白色与大地色组合,以绿色为配色和点缀色,这样组合既厚重,又不失生机和自然 | 最具清新感的美式配色,属于新型的美式风格 |
|  |  |  |

## （2）造型、图案的体现

### ① 圆润的线条

美式乡村风格的居室要尽量避免出现直线，常采用地中海风格中常用的拱形垭口。

△ 如果面积有限，只做点缀即可

### ② 鹰形图案/花鸟鱼虫图案

白头鹰是美国的国鸟，在美式乡村风格的家居中，被广泛地运用于装饰中，如鹰形工艺品，或者在家具及墙面上体现此元素。

△ 美式乡村风格中也常出现鸟虫鱼图案，体现浓郁的自然风

## （3）材料的选用

① 砖墙
红色砖墙在形式上古朴自然，与美式乡村风格追求的理念一致，独特的造型也可为室内增添一抹亮色

② 自然裁切的石材
自然裁切能体现出追求自由、原始的美式乡村风格

## （4）家具特征

| 粗犷的木家具 | 做旧处理的实木家具 | 皮沙发 | 木色斗柜 |
|---|---|---|---|
| 家具质地厚重，大气且实用，展现原始粗犷的美式风格 | 实木漆面做旧处理具有古朴感 | 沙发扶手和靠背大多为棕色系，粗犷、质朴 | 斗柜大多雕刻复杂的花式纹路，并喷涂木器漆，保持斗柜的原木色与纹理，十分符合美式乡村风格 |

## （5）装饰品摆放技巧

### 自然风光的油画

大幅的自然风光油画，其色彩的明暗对比可以产生空间感，适合美式乡村家居追求开阔空间的需求

### 世界版图装饰

世界版图装饰可以是装饰画，也可以是墙面挂饰

### 铁艺装饰品

美式乡村风格对于铁艺的使用主要表现在灯具、花纹图案的装饰窗上，大多为黑色

### 大型绿植盆栽

美式乡村风格的居室一般面积较大，大型盆栽既有绿化功能，又能减少空旷感

## 2. 田园风格

### （1）风格配色

| 绿色系 | | |
| --- | --- | --- |
| **绿色 + 白色 + 大地色组合**<br>绿色是典型的田园色，也是欧式田园风格家居中使用频率最高的一种色彩 | **绿色 + 米黄色**<br>绿色与米黄色搭配，温馨、自然 | **绿色 + 大地色 + 多色**<br>与大地色组合再搭配其他色彩可突显绿色 |
|  |  |  |

| 大地色系 | | |
| --- | --- | --- |
| **大地色 + 米黄色**<br>大地色搭配米黄色，空间具有温馨感 | **大地色 + 蓝 / 绿色**<br>以大地色为主要色彩使用，搭配蓝色、绿色，营造浓郁的田园风格 | **大地色 + 白色 + 粉色**<br>白色与粉色搭配，营造空间唯美感 |
|  |  |  |

## （2）造型、图案的体现

### ① 曲线线条

田园风格造型可以加入平直线条，也可以加入曲线线条增添趣味感。

△ 直线条沙发与曲线座凳搭配，清爽又惬意

### ② 碎花、格子和条纹

自然清新的碎花，甜美的格子图案，以及简洁利落的条纹，十分符合田园风格。

△ 格纹壁纸将清新自然的田园风格发挥到极致

## （3）材料的选用

① 木材
田园风格的家具多采用胡桃木、橡木、樱桃木、榉木、桃花心木、楸木等木材

② 棉麻
棉麻制品可以很好地体现田园风格，在田园风格中运用广泛

## （4）家具特征

| 胡桃木家具 | 低姿家具 | 手绘家具 |
|---|---|---|
| 胡桃木制作的家具表面简单处理，不加任何装饰，给人质朴的感觉 | 席地而坐，贴近自然，家具展现"低姿"特色，家居空间利用更加紧凑 | 田园风格常见以随意涂鸦为主流特色的手绘家具，虽然线条随意，但注重干净利落 |
|  |  |  |

## （5）装饰品摆放技巧

### 盘状装饰品

挂盘形状以圆形为主，色彩多样、
大小不一，在墙面进行排列

### 木质相框照片墙

木质相框有杉木、松木、柞木、
橡木等选材，体现强烈的自然
风格

### 小型绿植盆栽

绿植宜选用体轻量小型

### 复古花器

田园风格中花草装饰必不可少，
需要有相应花器搭配，其中以复
古花器最为适合

# 七、后现代风格

后现代风格是对传统中纯理性主义倾向的批判，它强调建筑及室内环境应具有历史的延续性，但又不拘泥于传统的逻辑思维方式，探索创新造型手法，注重人情味。

## 1. 工业风格

### （1）风格配色

| 无色系 + 木色 | | |
| --- | --- | --- |
| **白色 + 灰色 + 灰棕色**<br>以白色、灰色为主可增加空间感，搭配灰棕色实木，营造清爽、休闲的工业氛围 | **水泥灰 + 黑色**<br>水泥灰色与黑色在无色系中最具冷峻感，可令空间具有强烈的硬朗感 | **水泥灰 + 原木色**<br>水泥灰色稳重、原木色自然，组合在一起展现质朴感 |
|  |  |  |

| 水泥灰 + 砖红色 / 褐色 | | |
| --- | --- | --- |
| **水泥灰 + 砖红色**<br>以灰色的水泥墙奠定旧工业风格的基调，搭配砖红色，老旧却摩登感十足 | **水泥灰 + 褐色**<br>水泥灰与褐色组合，可以营造极强的工业气质，搭配白色，空间呈现个性化特质 | **灰色 + 砖红色 + 彩色点缀**<br>工业风格采用彩色软装、夸张图案搭配，中和灰色、砖红色的工业感，空间更温馨 |
|  |  |  |

## （2）造型、图案的体现

### ① 扭曲或不规则的线条

工业风格的居室常用扭曲或者不规则的线条塑造空间。这样的线条用于空间的构成或悬挂无规则的线索悬浮吊灯，都可令空间呈现个性化特质。

▷ 不规则的线索悬浮吊灯给方正的空间带来惬意感

### ② 夸张、怪诞的图案

想要打造出工业风格不羁的特性，局部可以选用夸张、怪诞的图案，如斑马纹、豹纹或各种动物造型，与室内的红砖或水泥墙面组合，使空间展现出原始工业风格。

△ 怪诞的野猪家具与马头装饰，空间展现神秘感

## （3）材料的选用

③ 裸露的管线
工业风格不再刻意将各种水电
管线用管道隐藏起来，而是将
它作为室内的装饰元素。

① 原始水泥墙
相比砖墙的复古感，原始
的水泥墙更具现代感

② 金属与旧木
金属风格过于冷调，可将金
属与旧木混搭，增添温馨感

④ 裸露的砖墙
大量裸露的砖墙，给人一种
别样的层次感

## （4）家具特征

| 水管风格家具 | 金属与旧木结合的家具 |
|---|---|
| 工业风格的顶面会露出金属管线和水管，为了搭配此元素，设计出多种金属水管结构的家具，为工业风格独家打造 | 工业风格的家具常采用原木，如金属的桌椅会以木板为桌面或者是椅面，完整展现木纹的深浅与纹路变化 |

## （5）装饰品摆放技巧

**旧皮箱装饰**

印有斑驳的历史痕迹，搭配艳丽的色彩，工业风格空间更具年代感

**水管装饰品**

如果空间内不能裸露水道管线，可以购买水管装饰品，固定在墙面以强化工业风效果

**齿轮装饰**

工业风装饰风格的壁饰，像是从旧机器直接拆卸下来，展现旧工厂的感觉

**风扇装饰**

复古的风扇装饰品具有年代感，散发浓郁文艺气息

**自行车装饰**

老式自行车是工业时代的普遍交通工具，挂在红色砖墙上有独特的纪念意义

## 2. 港式风格

### （1）风格配色

| 金属色 |
| --- |
| 港式风格大量运用金属色，主要体现在家具、装饰品上，有时墙面也会采用金属线条装饰，营造一种金碧辉煌的视觉效果 |

| 无色系 |
| --- |

| 白色 + 灰色 + 黑色 | 白色 + 灰色 + 金色 | 白色 + 蓝色 |
| --- | --- | --- |
| 灰色过渡为黑色、白色的强烈对比，可柔化空间冷峻感 | 以白色为主，搭配灰色和金色增加空间冷峻感 | 在白色中加入蓝色，整个空间的细节更为精致 |
|  |  |  |

## （2）造型、图案的体现

### ① 利落的直线

线条是港式风格的骨干架构，需要将空间线条重新调整，整合空间中的垂直线条，讲求对称与平衡。港式风格对于直线的青睐并不表示不会适当使用曲线线条，但要注意线条使用要干净利落。

△ 直线条家具，展现简洁干练的时尚风范

### ② 流畅的线条

流畅的线条设计，搭配现代、实用的艺术设计，整体上大气雅致。

▷ 椭圆形茶几为客厅增添自然韵味

### （3）材料的选用

港式风格追求现代、时尚，在家居装饰中会大量使用新型材料，如钢化玻璃、刨花板、高密度纤维板等；同时也会大量使用金属材料，表达充满个性的设计理念。

① 新型墙面材料　　　② 不锈钢　③ 镜面玻璃

### （4）家具特征

| 钢木桌 | 大理石家具 |
| --- | --- |
| 钢木桌营造高级质感的港式空间，体现时尚与现代感 | 港式风格中常见大理石桌面和金属框架相组合的家具，既沉稳又不失低调的奢华 |
|  |  |

# （5）装饰品摆放技巧

### 金漆工艺灯具

港式风格设计擅用金色，广泛运用于空间设计的各个领域，如灯具也常采用镀金漆工艺。这种灯具的灯座为金色，色彩则大多为无彩色，展现低调与奢华并存的视觉感。此外，其光线大多柔和，且偏暖色，为整体素雅的居室增添温馨感

### 毛皮抱枕

毛皮抱枕相较于传统布艺抱枕多了几分粗犷原始感。在港式风格的居室中，常作为沙发和睡床的装饰物点缀在传统的布艺抱枕中，凸显风格在细节装饰中的匠心运用

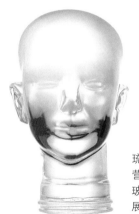

### 琉璃／玻璃工艺品

琉璃／玻璃品质通透，装饰效果良好，易营造高级感。通过摆放充满个性的琉璃或玻璃工艺品，体现简单大方的港式风格，展现现代感

# 八、地方主义型风格

传统建筑和民居中室内设计样式与现代功能需求相结合的设计思想。

## 1. 东南亚风格

### （1）风格配色

| 大地色系 | | |
| --- | --- | --- |
| **大地色 + 多彩色** | **大地色 + 金色 / 橙色** | **无彩色系 + 大地色 + 绿色** |
| 以大地色为主色，紫、黄、橙、绿、蓝中至少3种色彩做点缀，并拉开色调差距，极富魅力感和神秘感 | 采用金色吊顶、墙面等硬装饰，也可在软装中用金色点缀，常见于布艺、墙面装饰；也可用橙色适当替代金色 | 以无色系、大地色为主色，搭配绿色，采用热带植物图案的壁纸、大象装饰画等，充满生机活力 |
|  |  |  |

| 紫色点缀 |
| --- |
| **紫色 + 大地色** |
| 紫色适合局部点缀在纱幔、手工刺绣的抱枕或桌旗中，高贵感和神秘感并存 |

## （2）造型、图案的体现

东南亚风格的家居中，图案主要来源于两种：一种是以热带风情为主的花草图案，另一种是极具禅意的图案。其中，花草图案与色彩非常协调，大多为同色系图案，一般呈现区域性；而禅意图案则常见佛像、佛手等，大多出现在家居环境中。

△ 源于热带雨林风情的装饰图案

① 源于热带雨林风情的装饰图案                ② 大象图案

### （3）材料的选用

#### ① 木类建材

木材在东南亚家居中的运用十分广泛。既会出现在家具、地面、吊顶和墙面的装饰线中，也会采用木饰面板作为整体墙面的设计。

▷ 将木材运用在空间中的顶面装饰线条、墙面、地面，以及家具中

#### ② 泰丝、棉麻、纱幔等布艺

在布艺色调的选用上，东南亚风格标志性的炫色系列多为纯度较高的色彩。

▷ 泰丝抱枕和纱幔点缀空间，充满浪漫的异域风情

#### ③ 藤类建材

在东南亚风格中，藤编家具将自然风格展现得淋漓尽致。

▷ 藤编家具凸显自然风格特性

### （4）家具特征

| 木雕家具 | 藤编家具 | 混合材质家具 |
|---|---|---|
| 木雕家具是东南亚风格中最醒目的组成部分，其中，柚木是制成木雕家具的上好原料 | 在东南亚风格中，常见藤编家具，既符合该风格追求天然的诉求，也充分展现自身的质朴感 | 东南亚风格的家具也常用两种以上不同材料混合编织而成，如藤条与木片，藤条与竹条等 |
| | | |

# （5）装饰品摆放技巧

## 佛像饰品

无论是佛像雕塑，还是佛像壁画，都令居室弥漫浓郁的禅意

## 莲叶装饰

采用阔叶植物装饰，体现浓郁的热带雨林风情

## 锡器

一般常见为茶具、花瓶等，既具装饰功能，又具实用性

## 木雕

主要原材料如柚木、红木、桫椤木和藤条等，增添空间自然感

## 2. 日式风格

### （1）风格配色

| 原木色 | | |
|---|---|---|

| 原木色为主色 | 白色/米黄色 + 木色 | 木色 + 浊色调点缀 |
|---|---|---|
| 原木色占据空间配色的较大比例，通常可达 70～80%，打造质朴的配色印象 | 白色和木色比例基本均等，若喜欢柔和的配色，可将白色调整成米黄色 | 浊色调是比较克制的色彩，符合日式风格简洁的要求，而木色可令配色印象更富张力 |
|  |  |  |

### （2）造型、图案的体现

日式风格家居视觉感受干净利落，无论是空间造型，还是家具，大多为横平竖直的直线条，很少采用带有曲度的线条。在图案方面，常见樱花图案等用于墙面装饰，具有日式特色。而在布艺中，则常见日式和风花纹，营造唯美意境。

①横平竖直的障子格栅门　　②樱花图案的水墨隔断帘　③直线条家具

## （3）材料的选用

### ① 木质建材

木材在日式风格中十分常见，既表现在硬装方面，也表现在软装方面。硬装方面常见大面积的木饰面背景墙，营造天然、质朴的空间印象；软装方面常见成套的木质家具。除此之外，还会运用在灯具的外框架上。

△ 木质建材大量用于墙面及家具中

### ② 纸质材料

日本障子纸是日式风格中门窗的常见材料，障子门、障子窗既具有实用功能，又能充分展现日式风格的侘寂、清幽之感。

△ 纸质材料在障子门和灯具中能得到很好的体现

③ 草编藤类材料

草编藤类材料在日式风格中，常用于榻榻米中，也会作为吊顶的装饰材料，体现一种回归自然的状态。

▷ 吊顶、地面均采用草编材料，草编蒲团也与之呼应

④ 竹质材料

竹质材料会作为灯具的外装饰，体现天然的质感。也可以直接将竹节作为墙面装饰，体现创意的同时，也不失自然感。

▷ 自然感极强的竹质吊灯，成为空间很好的装饰

## （4）家具特征

| 榻榻米 | 传统日式茶桌 |
|---|---|
| 既具有一般凉席的功能，又美观舒适，榻榻米下的贮藏功能是一大特色，非常适合空间面积有限的家庭 | 常搭配榻榻米座椅，茶桌摆放日式清水烧茶具，营造清新自然、简洁淡雅的空间氛围 |
|  |  |

**（5）装饰品摆放技巧**

浮世绘装饰画

符合日式风格，丰富空间配色

招财猫

体量小巧，一般置于柜体上，色彩较为鲜艳，为简洁的空间增加灵动感

和服人偶工艺品

一般作为桌面、柜体中的装饰性工艺品出现，也常见此类题材的装饰画

枯枝／枯木装饰

取材于自然的侘寂情愫装饰物，符合日式风格

## 3. 地中海风格

### （1）风格配色

| 蓝色 | |
| --- | --- |
| **蓝色 + 白色**<br>配色灵感源于希腊的白色房屋和蓝色大海的组合，是经典的地中海风格配色，清新、舒爽 | **蓝色 + 黄色**<br>配色灵感源于意大利的向日葵，天然、自由。如果以高纯度黄色为主色，空间更明亮 |
|  |  |

| 大地色 | | |
| --- | --- | --- |
| **不同色调的大地色组合**<br>质朴的配色方式，运用不同色调的色彩搭配，丰富配色层次 | **大地色 + 蓝色**<br>两种典型的地中海代表色融合，兼具亲切感和清新感，蓝色一般为浊色调 | **大地色 + 绿色**<br>来源于土地与自然植物的配色，家居环境既质朴而又不乏清新感 |
|  |  |  |

### （2）造型、图案的体现

① 浑圆的曲线

空间设计中会采用曲线形的隔断墙，形成隔而不断的空间造型。家具线条则少见直来直去，一般带有弧度，显得自然。

△ 带有曲度的墙面造型体现出线条美

② 拱形门窗及拱廊

空间设计中常会采用数个圆拱连接在一起，移动观赏中呈现延伸的透视感。

△ 隔而不断的圆拱造型令空间充满变化，空间的通透感丝毫不受影响

③ 海洋元素图案

地中海风格中的海洋元素，如帆船、船锚、船舵等，在墙面壁纸、家具、灯具、装饰品中均会涉及，但不仅仅以图案的形式出现，也常会以造型体现地中海风格。

△ 海洋壁纸与卧室摆件呼应，既有风格又充满童趣

④ 格子、条纹图案

地中海风格自然，因此适用于田园风格的格子、条纹图案也会在地中海风格的家居中出现，一般用于布艺织物中。

△ 条纹图案主要体现在餐椅垫上，丰富空间的视觉层次

## （3）材料的选用

③ 马赛克
马赛克瓷砖是凸显地中海气质的一大法宝，装饰效果突出。常用于洗手台、电视背景墙、弧形垭口等处

④ 白灰泥墙
白灰泥墙，其白色的纯度色彩与地中海的气质相符。另外，凹凸不平的质感，也令居室呈现出地中海建筑所独有的美感

① 边角圆润的实木
这类边角圆润的实木一般用于客厅的顶面、餐厅的顶面等处，烘托地中海风格的自然气息

② 花砖
花砖的尺寸有大有小，常规的尺寸以300mm×300mm、600mm×600mm 为主流，可根据家居空间的面积选择合适的尺寸

## （4）家具特征

| 船型家具 | 木质家具 | 锻打铁艺家具 |
|---|---|---|
| 船型家具能够很好地体现出地中海风格的特征，也可以为居室中增添一分新意 | 地中海风格中木质家具十分常见，除了家具表面涂刷清漆，有些家具也会进行擦漆做旧处理 | 锻打铁艺家具符合地中海风格，也是地中海风格中独特的美学产物 |

## （5）装饰品摆放技巧

#### 地中海拱形窗

与欧式家居中的拱形窗所不同的是，地中海风格中的拱形窗在色彩上一般采用经典的蓝白色

#### 绿植

红陶花盆和窑制品可以充分体现地中海风格的质朴感，同时不乏自然气息，与绿植十分搭配。

#### 海洋元素装饰

此类装饰或作为墙面壁饰悬挂，或作为工艺品摆放，均在细节处营造家居空间活跃、灵动的氛围

#### 圣托里尼装饰画

干净的配色可以很好地与空间融合，也能充分展现风格特性

# 第七章

# 配色美学

视觉对于色彩的反应强烈，进而影响人的心理与情绪活动。在室内设计中，色彩的合理运用与搭配，可营造更舒适、更惬意的空间。

# 一、色彩属性及体系

色相、纯度和明度为色彩的三种属性。色相指的是色彩所呈现出的相貌；纯度指的是色彩的饱和程度；明度是指色彩的深浅显示程度，明度变化即深浅的变化。

## 1. 色彩三属性

### （1）色相

色相指色彩所呈现的相貌，是一种色彩区别于其他色彩最准确的标准。除了黑、白、灰三色，任何色彩都有色相。即便是同一类颜色，也可分为几种色相。

△ 12 色相环

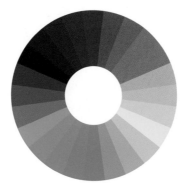

△ 24 色相环

## （2）纯度

纯度指色彩的鲜艳程度，也叫饱和度、彩度或鲜度。原色纯度最高，无彩色纯度最低。高纯度的色彩无论加入白色，还是黑色，纯度都会降低。

高纯度 ←――――――→ 低纯度

### 配色实例对比解析

△ 纯度差异大，视觉效果强烈　　　　△ 纯度差异小，给人稳定感，但缺少变化

## （3）明度

明度指色彩的明亮程度。白色明度最高，黑色明度最低。三原色中，明度最高的是黄色，蓝色明度最低。同一色相的色彩，添加白色越多明度越高，添加黑色越多明度越低。

△ 加入白色提高色彩的明度

△ 加入黑色降低色彩的明度

**配色实例对比解析**

△ 搭配明度差异大的色彩更具视觉冲击力

△ 白色与较高明度的绿色搭配，既明快而又不失稳重感

## 2. 色彩形成的色系

### （1）有彩色系

有彩色是指具备光谱上某种或某些色相的色彩，统称彩调。

| 冷色 | 暖色 | 中性色 |
|---|---|---|
| 给人清凉感觉的颜色，称为冷色 | 给人温暖感觉的颜色，称为暖色 | 介于冷色和暖色之间，称为中性色 |

### （2）无彩色系

无彩色系也称无色系，指的是除了彩色以外的其他颜色，如黑、白、灰、金、银等色彩。

△ 两种或多种无彩色搭配使用，塑造强烈的个性

# 二、色彩联想和象征

每一种色相都有独特的含义，了解它们表达的不同情感，有助于激发设计者对色彩的联想，设计出理想的配色方案。

**红色**

象征活力、热情，能够激发兴奋、激动的情绪

**设计指导：** 在居室中，避免大面积使用红色，少量点缀更显创意

**黄色**

象征快乐、希望，呈现灿烂辉煌的视觉效果

**设计指导：** 在居室中，可大面积使用黄色，提高明度会更显舒适

**蓝色**

象征理智、洁净，能够迅速稳定情绪

**设计指导：** 采光不佳的空间，应避免大面积使用明度和纯度较低的蓝色

**橙色**

传达明亮、轻快、欢欣、华贵、富丽的感觉

**设计指导：** 空间不大时，避免大面积使用高纯度的橙色

绿色

象征自然与生机，感受轻松、安宁

**设计指导：**大面积使用绿色时，可用对比色
搭配，丰富空间的层次感

紫色

象征高贵、浪漫

**设计指导：**紫色适合小面积使用，如果大面
积使用，建议搭配有对比感的色相

粉色

传达可爱、温馨、青春、纯真、甜美的
感觉

**设计指导：**粉色可以稳定情绪，有助于缓解
精神压力

棕色

能够联想到泥土和自然，表达可靠、健
康的感觉

**设计指导：**常用于乡村、欧式古典家居，也
适合老人房，可以较大面积使用

# 三、配色基本技法

室内色彩的组合方式多样，配色的方法通常从想要营造的空间氛围中获取，正确的色彩搭配可以给空间增光添彩。

## 1. 色相型配色

### （1）色相型类别

通常会采用至少两到三种色彩进行搭配。色相型不同，产生的效果也不同，总体可分为开放和闭锁两种。闭锁类色相型营造平和的氛围，开放类色相型营造活泼的氛围。

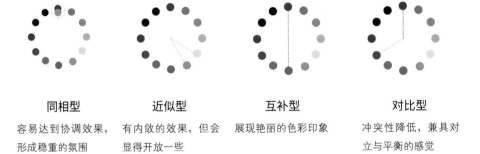

**同相型**

容易达到协调效果，形成稳重的氛围

**近似型**

有内敛的效果，但会显得开放一些

**互补型**

展现艳丽的色彩印象

**对比型**

冲突性降低，兼具对立与平衡的感觉

**三角型**

最具平衡感，具有舒畅、温馨的效果

**四角型**

营造醒目、安定的氛围，具有紧凑感

**全相型**

最开放、华丽的感觉

### （2）配色技巧运用

① 营造稳重、平和的氛围，可以采用内敛类色相型

营造稳重、平和的氛围，可以采用同相型和近似型搭配，但此类搭配容易产生单调的感觉，不建议大面积使用。

△ 床和窗帘采用此类配色，背景色采用柔和的色彩，既可以平和整体又不失层次感

② 三角型配色有窍门

在进行三角型配色时，可以尝试选取一种色彩作为纯色使用，另外两种做明度或纯度上的变化，这样的组合既能降低配色的刺激感，又能丰富配色的层次感。

△ 大面积的对比感较适合追求前卫、彰显个性

③ 四角型配色具吸引力

　　四角型配色使人感觉舒适的做法是将四种颜色小范围运用在软装上。如大面积地使用四种颜色，建议分清主次，并降低一些色彩的纯度或明度以减弱对比的尖锐性。

△ 四种主色都调节了明度，组合起来有个性但不刺激

④ 小空间使用全相型，宜搭配白色

　　小居室若使用全相型配色方式，背景色可以以白色或浅色为主，主要家具和小饰品等物品小面积组成全相型，显得活泼。

△ 以白色为背景色，黄色、绿色、红色、蓝色做点缀，活泼感表现得恰到好处

## 2. 色调型配色

### （1）常用色调

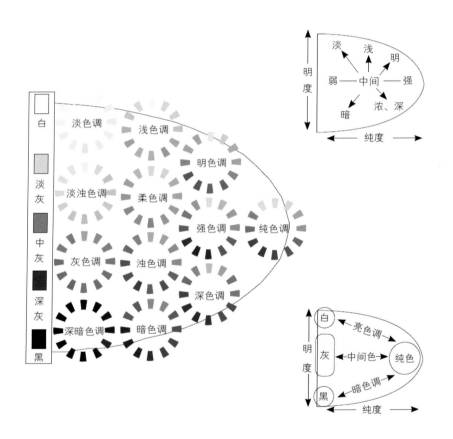

△ PCCS 色调图

### （2）配色技巧运用

① 纯色调暖色，提升活力感

红、橙、黄等暖色代表活力和热情，如果想要提升活力感，就选择该类色相的纯色调。

▷ 高纯度红色组合黑色、白色，既活泼又简约

② 多色调组合更自然、更丰富

一个空间中的色调一般不少于三种，才能够更自然、更丰富。每种色调都有其独特的情感表达，将其组合能够传达营造的感受。

△ 卧室采用蓝色和红色对比型配色，层次更丰富

③ 浅色调和淡色调适合大众

浅色调和淡色调适用人群广。如果同时搭配明色调做点缀，令主次更分明，整体效果更佳。

△ 浅灰色的墙面搭配白色的顶面，结合淡色调的布艺，温馨又整洁、干净

④ 使用暗色调控制面积

空间采光好且宽敞，可以将暗色调应用在墙面上，如果家具和墙面的色调差距大一些，感觉会更舒适。空间面积较小，建议暗色调用于地面或者辅助色上。

△ 墙面使用暗色调绿色，搭配亮棕色沙发，既复古又增添活跃感

# 四、空间配色意向

空间氛围的呈现，依赖于色彩的不同搭配方式，而搭配的灵感，可以从身边的景观、生物或物品获得。

**活力型** ▶ 活力型配色常以高纯度的暖色为主色，搭配白色、冷色或中性色。若用冷色组合，冷色的色调越纯，效果越强烈

配色意向
▼

配色方案
▼

△ 对比配色

△ 暖色系

△ 单暖色 + 白色

△ 多彩色组合

华
丽
型
▶ 华丽型配色常以暖色系为中心，如金色、红色和橙色，也常见中性色的紫色和紫红色

配色意向
▼

配色方案
▼

△ 紫色系

△ 暗浊色调蓝色系

△ 金色系

浪漫型 ▶ 浪漫型配色常运用明色调和微浊色调的粉色、紫色、蓝色等

配色意向
▼

配色方案
▼

△ 粉色系

△ 淡紫色 + 白色

△ 明色调组合

△ 淡蓝色 + 粉色

温馨型 ▶ 温馨型配色主要以纯色调、明色调、微浊色调的暖色为主色，如黄色系、橙色系、红色系

配色意向
▼

配色方案
▼

△ 黄色系

△ 橙色系

△ 木色系

△ 黄色 / 木色 + 红色

自然型 ▶ 自然型配色以绿色最为常用，其次为栗色、棕色、浅茶色等大地色系

配色意向
▼

配色方案
▼

△ 绿色系

△ 绿色系 + 黄色系

△ 大地色系

清新型 ▶ 清新型配色以淡蓝色或淡绿色为主色，并运用低对比度融合性的配色手法

配色意向
▼

配色方案
▼

△ 蓝色系 + 绿色系

△ 淡蓝色系

△ 淡绿色系

朴素型 ▶ 朴素的色彩印象主要通过无色系、蓝色、茶色系几种色系的组合表达，除了白色、黑色，色调以浊色、淡浊色、暗色为主

配色意向
▼

配色方案
▼

△ 茶色系

△ 灰色系

△ 无色系

商
务
型 ▶ 商务型配色体现的是理性思维，无彩色系中的黑色、灰色、银色
等色彩与低纯度的冷色搭配较为适宜

配色意向
▼

配色方案
▼

△ 冷色系

△ 茶色系点缀

△ 无色系组合

闲适型 ▶ 闲适型主要色彩为米色，可以与白色、浅灰色、肉粉色、淡绿色
等组合使用

配色意向
▼

配色方案
▼

△ 白色 + 米色　　　　　　　　　△ 米色 + 近似色点缀

△ 米色 + 绿色点缀

童趣型 ▶ 童趣型配色通常会选择一些鲜艳、亮丽的色彩作为空间主色，也常使用其他色彩进行混搭，充满活力感的高明度色彩可以作为配色或点缀色出现

配色意向
▼

配色方案
▼

△ 黄色 / 橙色

△ 高明度色彩

△ 色彩混搭

# 五、影响配色的因素

色彩在空间中不是独立存在的，它会受到诸多因素的影响，这些因素影响着色彩效果的呈现。只有掌握与这些因素和谐"相处"的技巧，才能设计出美观与实用的空间。

## 1. 面积大小

空间配色往往多种多样，每种色彩的面积大小各不相同。面积大且占据绝对优势的色彩，对空间配色印象具有支配性。

三色均等，优势不明显

蓝色占优势，显得硬朗

红色占优势，显得热情

△ 空间的墙面颜色为蓝色，所占面积较大，营造清新、平和的氛围

△ 粉色所占面积较大，空间甜美、梦幻

## 2. 空间材质

色彩不能凭空存在，需要依附在某种材料上，在家居空间中尤其如此。

### 按制作工艺可以分为自然材质和人工材质

| 自然材质 | 人工材质 |
| --- | --- |
| 非人工合成材质，如<br>木材、藤、麻等 | 人工合成材质，如瓷<br>砖、玻璃、金属等 |

① 自然材质　　　　② 人工材质

### 按视觉感受可以分为冷材料、暖材料和中性材料

| 冷材料 | 暖材料 | 中性材料 |
| --- | --- | --- |
| 玻璃、金属等给人冰<br>冷的感觉，为冷材料 | 织物、皮毛材料具有保温<br>的效果，为暖材料 | 木质材料、藤等冷暖特征<br>不明显，为中性材料 |

③ 暖材料

② 中性材料　　　　① 冷材料

## 3. 物品距离

### （1）物品位置影响色彩对比

不同物品之间的位置恰当时，视觉效果和谐；位置更接近时，色彩对比变得强烈；当位置重叠时，色彩之间的对比最强烈，同时视觉效果也最强烈。

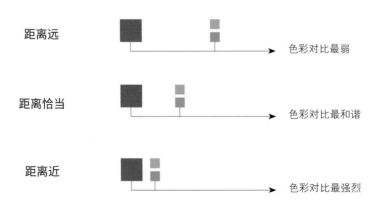

在空间配色时，若想色彩对比强烈，主色和附近的点缀色可以采用对比配色法；若想弱化空间色彩对比关系，主色和距离位置较远的点缀色采用对比配色法。

▷ 主角色与点缀色形成强烈对比

## （2）利用色彩强调视觉焦点

由于人眼的视觉生理特征，在观看室内空间的同一组物体时，往往会形成一个视觉中心，这个位置的色彩会被强调、效果被放大，是视觉传达的焦点。

△ 绿色沙发椅和红色靠枕是空间中最醒目的配色，即空间的视觉中心

# 六、色彩心理学的空间应用

色彩心理是指客观色彩世界引起的主观心理反应，不同波长的光作用于人的视觉器官，产生色感的同时还导致某种情感心理活动。

## 1. 室内设计中色彩心理效应

### （1）色彩决定第一印象

室内空间带给人温馨、舒适的感觉，是从视觉到知觉再到心理的过程，所以色彩的心理作用对人产生的第一印象是室内装饰设计不能忽视的重要因素。

色彩有冷暖感觉，它是一种心理的感觉。冷暖并不是色彩本身所具有的，它是对人的视觉刺激反应，是一种心理的联想。

△ 暖色运用在地面，冷色运用在墙面和顶面，由于暖色偏重，冷色偏轻，室内空间自然而然地呈现出层次感

## （2）色彩持续影响人在室内的感受

进入室内空间，感受首当其冲的就是对色彩的感觉，室内色彩通过视觉会产生一系列的心理感受，因此室内色彩对心理感受有着重要的影响。

在室内设计中，丰富的色彩会带给人不同的心理感受，室内整体色彩和装饰也会给人不同的感受。比如，黑色一般是做点缀在室内使用，但是如果房间以黑色为主色调，人在这样的环境中生活，心理会受到很大影响，久而久之会产生压抑的感觉。

△ 不同的室内色彩给人的感受不同，以绿色为背景色时给人自然平和感；以黄色为背景色时给人温馨感

## 2. 色彩心理在不同功能空间的应用

### （1）不同心理气质人群的室内色彩搭配

希腊心理学家希波克拉底提出"四种气质"，他分析得出不同气质的人的性格色彩，这成为室内设计的灵魂。

此类型人直爽、热情、易激动。喜好暖色系列。但红色会使神经系统处于长期的兴奋状态，会让人产生疲劳。如果采用蓝色和蓝色系列，可稳定情绪，放松心情，减轻疲劳

此类型人活泼、开朗、好动。如果采用黄色和黄橙色系列，可以满足此类型人的心理需求，但此类型人性格浮躁，如果采用紫色调，可放松身心

**胆汁质、热情型**

**多血质、敏捷型**

**黏液质、沉默型**

**郁质、冷静型**

此类型人稳重、固执、沉默寡言。喜好蓝色系列。如果采用蓝色系列，可以满足此类型人的心理需求，但此类型人沉默、固执，如果采用黄色调，可以使此类型人变得更加阳光，放松心情

此类型人柔弱、胆怯。喜好紫色调。但此类型人性格孤僻，对生活缺乏热情，如果采用红色调，可以使此类型人变得更加热情、活泼和乐于交际

## （2）功能空间的色彩应用

### ① 客厅

**心理需求**：客厅是接待客人的场所，是家居环境中唯一与非家庭成员相处的场所，也是唯一带有公共环境性质的空间。

**色彩设计**：暖色调、柔和的表面色有助于融洽关系，给客人温馨的感觉。

△ 暖色系的客厅给人舒适的感觉

△ 即使是无色系空间，少量的暖色也能降低冰冷感

② 餐厅

**心理需求：** 餐厅是家庭成员共同拥有的空间，应给人愉悦的感觉。

**色彩设计：** 色彩应采用柔和、温暖的配色与照明。

△ 白色与橙色的搭配，营造清爽、温馨的氛围

△ 黄色灯光也能为餐厅营造柔和、愉悦的氛围

③ 卧室

**心理需求**：卧室是提供休息与睡眠两大主要功能的个性化空间。按使用者对象的不同，卧室又可分为供主人夫妇专用的主卧室、供主人老年父母使用的老年人卧室和供主人未成年子女使用的儿童卧室。

**色彩设计**：由于卧室的使用者不同，年龄层次不一，所以在进行设计时需要考虑不同年龄、不同性别的使用者喜爱和适合的色彩。

△ 儿童卧室应该与儿童天真活泼的天性相匹配，应采用较高明度的颜色，并搭配适当的对比度

△ 老年人卧室则相反，以稳重、安静的配色最为适宜

④ 厨房

**心理需求**：厨房是费时费力最多的空间，也是家居环境中电器最多的空间之一，选用有活力、干净、卫生等的心理色彩非常重要。

**色彩设计**：常以低彩度、中高明度、稍冷的色彩为基调，也可以考虑用面积不大的稍高彩度或稍低明度的色彩加以对比。

△ 蓝色橱柜使厨房更加干净整洁

△ 低明度绿色地砖使厨房配色不再单调，对比也不会过于强烈

⑤ 卫浴间

**心理需求：**卫浴间既属于家庭全体成员，也是单独使用的空间，应给人干净、卫生的感觉。

**色彩设计：**采用适当的偏冷色调的后退色空间更显宽敞、明亮，色彩上可有较大幅度的变化，但必须保持与整体色彩的一致性。

▷ 若卫浴间较小，使用淡色调冷色与白色搭配，可以给人干净、宽敞的感觉

△ 无色系的卫浴间既能保持层次感，又不会显得混乱

# 七、缺陷空间的色彩调整技巧

住宅空间或多或少会存在缺陷，除了利用拆改进行改善以外，色彩在一定程度也能起到改善空间的作用。

> 暖色相前进，冷色相后退；在相同色相的情况下，高纯度前进、低纯度后退；低明度前进、高纯度后退。
>
> 暖色相膨胀，冷色相收缩；在相同色相的情况下，高纯度膨胀、低纯度收缩；高明度膨胀、低明度收缩。

前进色：高纯度、低明度的暖色相具有前进感。前进色适合在宽敞的房间中做背景色，能够避免空旷感。

▷ 橙色墙面具有前进感，使空间显得紧凑

后退色：低纯度、高明度的冷色相具有后退感。后退色适合在小面积空间或狭窄空间做背景色，让空间看起来更宽敞。

◁ 蓝色墙面具有后退感，使空间显得更宽敞

## 1. 采光不佳

◎通过色彩来增加采光度，避免暗沉色调和浊色调。

◎降低家具的高度，选择带有光泽度的建材。

◎反光性浅色材料，能够调节居室暗沉的光线。

白色系

黄色系

同一色调

## 2. 层高过低

◎浅色吊顶调节层高过低最为有效。

◎顶面、墙面、地面可以选择浅色系，在明度上进行变化。

浅色吊顶 + 深色墙面

同色相深浅搭配

### 3. 空间狭小

◎选择彩度高、明亮的膨胀色，使空间看起来更宽敞。

◎选择浅色调或偏冷色的色调，四周墙面和吊顶漆成相同的颜色，会使空间产生层次延伸感。

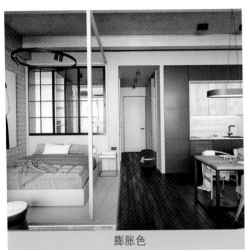

膨胀色

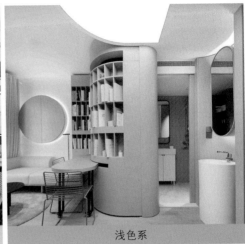

浅色系

### 4. 空间狭长

远离窗户的一面会有采光不佳的缺陷，因此墙面的背景色要尽量使用淡雅的、能够给人宽敞感的后退色，使空间更舒适、明亮。

浅色系

白色 + 灰色

# 第八章

# 照明设计

室内设计中，光的作用是不容忽视的。在设计之初应该充分考虑采光照明的问题，营造安全、实用、经济、美观的光环境。

# 一、照明三要素

照明的三要素包括色温、光通量和照度，它们影响室内氛围的营造。

## 1. 色温

色温是表示光源光色的尺度，单位是开尔文（K）。越是偏暖色的光线，色温就越低，能够营造柔和、温馨的氛围；越是偏冷的光线，色温就越高，能够传达出清爽、明亮的感觉。

冷色调　　　　　　　　　　暖色调

△ 色温较高，偏冷，具有清新、明快的感觉　　　△ 色温较低，偏暖，具有稳重、温馨的感觉

| 家庭常用灯具色温 | |
|---|---|
| 白炽灯（2 500 ～ 3 000 K） | 暖色的白荧光灯（3 500 K） |
| 220V 日光灯（3 500 ～ 4 000 K） | 普通白光灯（4 500 ～ 6 000 K） |
| 冷色的白荧光灯（4 500 K） | 反射镜泛光灯（3 400 K） |

## 2. 光通量

光通量单位是流明（lm），它是衡量光源输出光多少的指标。在日常生活中，常用光通量表示可见光输出了多少。

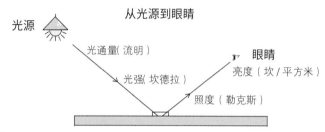

## 3. 照度

照度单位是勒克斯（lx），它的定义是落在单位面积上光通量的大小，换言之，也就是1 m²得到1 lm的光叫做1 lx。

△ 空间内每处位置都是均匀的亮度，这种情况称为环境与重点照度的比例是 1 : 1

# 二、光源类型

## 1. 直射光

直射光指光源直接照射到工作面上的光。

| 优点 | 缺点 |
|---|---|
| 照度大，电能消耗小 | 容易引起眩光，干扰视觉 |

## 2. 反射光

反射光指利用光亮的镀银反射罩的定向照明，使光线下部受到不透明或半透明的灯罩的阻拦，同时光线的一部分或全部照射到墙面或顶面上，再反射回来的现象。

| 优点 | 缺点 |
| --- | --- |
| 光线均匀，没有明显的强弱差 | 不易表现物体的体积感和对重点物体的强调 |

## 3. 漫射光

漫射光指利用磨砂玻璃灯罩或乳白灯罩以及其他材料的灯罩、格栅灯，使光线形成各种方向的漫射，或是直射光、反射光混合的光线。

| 优点 | 缺点 |
| --- | --- |
| 较柔和，艺术效果好 | 使用不当会使空间缺少立体感 |

# 三、照明设计方法与调整

一般的室内光环境照明有两种方式：自然光和人工照明。在进行照明设计时，要结合这两个方面进行考虑与调整。

## 1. 充分利用自然采光

在室内环境设计中，自然光的利用称作"采光"，利用自然光是一种节约能源和保护环境的重要手段，且自然光更符合人的心理和生理需求。

△ 将适当的昼光引入室内照明，是保证人的工作效率和身心舒适的重要手段

## 自然光采光质量的决定因素

| | | |
|---|---|---|
| 光线充足：不同的地区总照度和散射照度不同，在设计时需要根据地域确定室内照度标准 | 光线均匀：室内采光的质量要考虑光线是否均匀、稳定，是否会出现暗影和眩光等现象 | 采光口形态：采光的质量主要取决于采光口的大小、形状、离地高度以及采光口的分布和间距。对有特殊要求的室内环境，为了防止眩光，处理的方法通常为提高背景的相对亮度或者提高窗口高度。窗墙的高度提高后，会对眼睛产生一个保护角 |

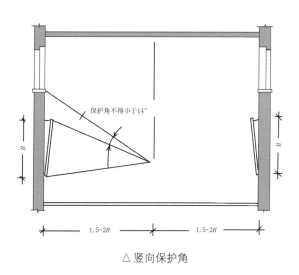

△ 竖向保护角

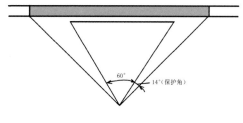

△ 水平保护角

## 2. 合理组织人工照明

随着建筑密度、体量的增大，室内自然采光也会受到影响，因此人工照明成为补充自然采光和提供夜间照明的重要手段。

人工照明设计要求

照度：要满足符合功能要求的空间整体明视需求，同时要适当提高主要目标物体的照度

△ 满足空间明视需求是最主要的目标

亮度：利用光的反射特性，进行布光处理，以控制亮度的均匀性和适度的对比性

△ 布光时可以利用不同材料的光反射特点进行亮度控制

## 人工照明设计方法

所有保障照明质量和效果的手段，都需要通过一定的灯具组织形式和照明方式实现

△ 可以通过光源的色彩美、形式美，灯具的形态美、材质美，布置的形式美等满足人的心理需求

## 3.照明平面布置方式

### （1）基础照明

基础照明指空间内全面的、基本的照明。重点在于与重点照明的亮度有适当的比例，形成一种室内格调。

△ 选用排布均匀、形式相同的照明灯具

### （2）局部照明

局部照明指在基础照明提供的全面照明上，对需要较高照度的局部工作活动区域增加一系列的照明。

△ 活动区域和周围环境亮度应保持 3∶1 的比例

### （3）重点照明

重点照明指在居住空间环境中，根据设计需要对绘画、照片、雕塑和绿化等局部空间进行集中的光线照射。

△ 增加立体感或色彩鲜艳度，使重点部位的照明更加醒目

### （4）装饰照明

装饰照明指利用照明装置的多样装饰效果特性，生成多种环境气氛和意境的光源。

△ 装饰照明不仅起装饰性作用，还可以兼顾功能性

# 四、照明效果与空间形态

## 1. 上升空间

**含义**：在地面设计局部抬高，形成一个边界来界定明确的相对独立空间。

**目的**：室内空间富有变化的层次感。

**照明要求**：光环境要力求明快轻松。

**照明设计**：要运用整体照度的提高，灯光的流动性或者对比性等手段显示其独特性。

△ 上升空间借用自然采光，空间氛围明快、轻松

△ 相同的吊灯，使上升的休闲区域与客厅相互呼应，增强空间的整体感

## 2. 凹式空间

**特点：**形式上具有吸纳和包容感，有一种安全、平和之美。

**照明要求：**光环境要具有优雅、温馨感。

**照明设计：**利用均匀的照度，营造淡雅舒展的氛围。

△ 均匀且高照度的筒灯设计，可以减弱凹式空间下沉感

## 3. 凸式空间

**特点：**具有一定的膨胀感，使人充满活力。

**照明要求：**光环境要具有灵动感。

**照明设计：**不强调空间整体亮度，重点对位于端部的空间进行光环境的处理。

△ 采用凸式结构的阳台适宜高明度光源，对墙面空间进行重点处理，增添灵动感

# 五、光影效果的利用和控制

利用光影的对比，可以为空间营造不同的氛围，在设计时要注意对光影的应用和控制。

## 1. 光影效果的利用

### （1）渲染空间氛围

营造不同氛围的空间环境，需要利用光影。例如营造舒适、轻松的空间环境，可以通过中低照度漫射光作为环境铺垫，然后以适合角度和照度的投光灯来制造光影的方法实现。

△ 舒适、轻松的光影效果　　　　　　△ 典雅、稳重的光影效果

### （2）强调重点物体

利用光影还可以强调物体的轮廓和结构，起到塑造物体立体感的作用。

△ 当灯光的光强、照射距离、位置和方向等因素不同时，光影效果发生变化，物体会呈现出明确与阴暗、清晰与暗淡等不同形态特征

## 2. 光影效果的控制

 **影响** 光影的阴暗程度

**关系** 光强越高，光影越暗；光强越低，光影越亮

光强

 **影响** 光影的虚实程度

 **关系** 光通量分布范围越小，光影越清晰；分布范围越大，光影越模糊

光通量分布

 **影响** 光影的辐射面积

**关系** 光源与被照物距离越大，光影的辐射范围越小；光影与被照物距离越小，光影的辐射范围越大

照射距离

 **影响** 光影的形状

 **关系** 光源位置的上下、左右、前后移动会产生不同的光影效果，尤其对不规则物体，效果更明显

照射角度

# 六、空间照明设计提升方案

针对不同功能空间，照明设计的侧重点也不同，要根据空间的特性决定设计的重点。

## 1. 客厅

客厅内的主光源往往单一且明亮，辅助照明的点光源则种类多样，明亮不一。

### （1）挑高型客厅常见照明设计

① 高纵深主灯+ 照明筒灯+ 装饰性射灯、灯带

① 高纵深吊灯对客厅的照明均匀，不会出现局部明亮，局部昏暗的现象

② 照明筒灯适用于大面积客厅，用于吊灯不能覆盖到区域的照明

③ 吊灯发白光，装饰性灯带要设计为白光；吊灯发暖光，装饰性灯带要设计为暖光

② 装饰性主灯+ 简单的补光照明

△ 主灯由多盏光源组合而成时，其对客厅的照明会非常充足，无须过多的点光源补充照明

▽ 带有诸多装饰设计的吊灯，往往会出现照明亮度不足的现象。因此，这种吊灯在采光好的空间中，应利用自然光补充灯具照明

### （2）一体式客餐厅常见照明设计

① 主灯+ 区域分隔灯带

△ 灯带分区域的设计对客厅和餐厅有隐性的分隔效果，两处空间拥有彼此独立的照明环境，互不影响

△ 主灯装饰用于营造气氛时，不做主要照明，可以搭配筒灯、射灯、灯带等

② 光檐艺术照明

光檐照明是一种隐蔽照明，它将照明与建筑结构精密结合，其主要形式有两种：

一是利用与墙平行的不透明檐板遮住光源，将墙壁照亮，给护墙板、纱幔、壁饰带来光照的效果。

△ 与墙平行的不透明檐板发散光源

二是檐口向上，使灯光从顶棚反射下来，天棚产生漂浮的效果，形成朦胧感，营造迷人氛围。

△ 灯光从顶面反射，具有朦胧感

### （3）照明设计技巧

① 挑高型客厅与灯具比例保持
3：1

在挑高型客厅的照明设计中，吊顶从顶面吊下的距离，为客厅总层高的1/3较为理想。

▷ 这样的光照比较均匀，而且客厅的设计效果更加饱满

② 讲究层级变化与呼应

在设计时，应以吊灯为客厅的主光源，筒灯及射灯烘托墙面的设计造型，台灯、落地灯及壁灯增添照明的层级变化。

△ 通过层级变化照亮整个客厅，形成明暗对比，烘托客厅的静谧氛围

## 2. 餐厅

餐厅的照明设计，主要以餐桌为中心布置，大的原则是中间亮，逐渐向四周扩散并减弱。

### （1）常见的餐厅照明设计

① 造型主灯组合

△ 餐厅面积较小且层高不高，可以选择一组具有造型感的主灯，安装在餐桌上方，既可以照明也能营造个性化氛围

② 高亮度主灯+围合式灯带

△ 独立式餐厅面积一般较大，内部需要设计高亮度的主光源，使主灯的照明可以覆盖整个空间

△ 围合式的灯带设计，有方形、圆形和椭圆形等形式，具有较高的装饰性，与主灯结合设计效果更好

③ 精美造型主灯+补光筒灯

主灯的造型精美要符合空间风格，筒灯适合设计在餐厅的四角以补充照明。当主灯的照明亮度充足时，补光筒灯可换成大光斑射灯，营造出光影变化。

△ 精致的吊灯符合餐厅的欧式风格，四周筒灯的设计可以为餐厅补充光源

## （2）照明设计技巧

吊灯要设计在餐桌的正上方，由于餐厅布局或面积局限，餐桌的摆放位置不一定处于餐厅正中。在这种情况下，吊灯要随着餐桌布置，这样既保证照明对主体进餐空间氛围的营造，又提升餐厅设计的整体性。

△ 餐厅面积较小，餐桌靠墙摆放，吊灯的位置要保持在餐桌正上方

## 3. 卧室

卧室的照明应该是宁静、柔和、舒适的。但由于居住者的年龄、文化程度、爱好不同，对舒适与温馨的看法与标准也会有所差异，对卧室光照的要求也不同。

**宁静舒适型**

△ 选择半遮光的灯罩，其发出的漫射光令人更加平和

△ 运用光檐照明，光经过顶棚或墙壁的反射十分柔和

豪华气派型

△ 做工细致、造型精美的水晶吊灯搭配造型顶面，营造卧室的奢华氛围

△ 仿古灯搭配中式古朴软装，营造卧室浓郁的传统风

现代前卫型

△ 线条简单的卧室家具搭配简单的灯饰，体现别出心裁的个性化追求

△ 几何图形和线条组合的新颖灯具，打破传统观念，体现前卫意识

## 4. 书房

### （1）书房主灯不宜过亮，宜光线柔和

书房主灯的选择不宜过亮，宜光线柔和，并搭配台灯、落地灯辅助照明。利于集中注意力，提高阅读效率。

△ 如果主灯过亮或者过于刺眼，不利于阅读者集中注意力，同时也影响舒适感

### （2）在点光源足够的情况下，书房可以不用主光源

书房可以不用主光源，而采用台灯、落地灯以及筒灯、射灯来代替吊灯、吸顶灯，将照明的光源集中在书桌上。

△ 书房对照明的美观度要求不高，而是需要营造静谧、舒适的氛围

## 5. 厨房

### （1）敞开式厨房的灯具设计，应兼顾装饰性

敞开式厨房的设计中，往往会设计吧台或者岛台，并且在吊顶的设计中，会采用石膏板或纯木材等材料。因此在灯具的设计中，就不仅仅简单集成吸顶灯，而会相应的搭配吊灯、射灯和筒灯，以烘托出厨房的光影变化。

△ 吧台上方的吊灯既起分隔空间的作用，又有装饰作用

### （2）封闭式厨房内的灯具，应尽量简洁

封闭式厨房由于通风效果较差，会产生大量的油烟，若灯具的造型繁复，落满油烟后难以清洁，并影响照明效果。因此，厨房灯具越简洁、越实用为好。

△ 经常烹饪的厨房油烟较大，灯具造型以简洁，易清洗为好

### （3）厨房除主灯外，还要添加辅助灯具

烹饪过程会涉及很多繁杂且有一定危险性的工作，可以采用主灯和辅助灯具结合的方式保证照明充足。采用功率较大的吸顶灯保证总体的亮度，然后按照厨房家具和灶台选择局部照明用的壁灯和工作面照明用的、高度可调的吊灯。

△ 除主灯外，橱柜下方也设置隐形灯具，令烹饪更便捷

## 6. 卫浴间

### 根据卫浴间面积搭配合适的灯具

　　小面积卫浴间应将灯具安装在天花板正中央，这样光线向四周照射，以扩大空间感；大面积卫浴间可安装局部灯进行局部照明。可在浴盆和洗脸盆上方安装下照灯，并在镜子周围安装化妆灯，营造温馨的氛围。

▷ 筒灯和灯带的组合可以使空间既有清晰的照度，又有局部重点照明

△ 精美的镜前灯不仅带来光亮，也起到一定的装饰作用

## 7. 玄关

### 玄关的照明设计要具装饰性

玄关为入户的第一处空间，通常为半敞开式。在照明设计中，通常会设计一款小巧的吊灯或吸顶灯，并有丰富的造型变化，以达到丰富玄关设计的效果。这种吊灯或吸顶灯的尺寸较小，下吊距离较低，但照明亮度充足，光影变化丰富。

△ 相对于玄关空间，体积较小的吊灯，在视觉上更具层次感

## 8. 过道

### （1）过道的空间特点适合设计点光源

过道通常比较狭长，能接受自然光线极其有限。因此，在过道的照明设计中，光源应分散布置，光源的亮度也要强些。

△ 过道采用嵌入式的筒灯照明，空间更大气

△ 整个过道一侧的长灯带设计，既能保证光线均匀又不占用空间，还显得个性十足

### （2）照明筒灯组合+补光灯带，使大面积过道顶面更具有层次感

　　由于筒灯的照明特点，决定了吊顶接受灯光很少，因此在大面积的过道空间中可以设置造型吊顶，利用照明筒灯组合+ 补光灯带，提升吊顶的整体亮度。

△ 当过道设计略显单调时，可以结合灯带增添层次感

# 七、灯光对空间缺陷的改善

现代人对空间的灯光设计尤为重视，灯光不仅可以营造温馨舒适的氛围，还可以增加空间层次感、增强室内装饰艺术效果、增添生活情趣。一些空间缺陷通常可以利用灯光来改善。

## 1. 改善空间尺度感

**对象**：狭小的室内空间。空间虽然可以满足功能需求，但从使用者心理方面而言，会产生压抑感和局促感。

**改善方法**：对于长、宽、高均小的空间，需要通过高照度并均匀布光的形式，尽量保持光通量在长、宽、高三个方向分布的相对均匀，达到空间照度统一，产生扩大感。

对于低矮顶面的空间，可以通过提高顶面的亮度来缓解压抑感，也可以在墙面顶部设立上射光灯具，通过墙面光线向顶面的扩散，制造墙面向上延伸的错觉，从而获得高度感。

△ 长过道容易使人产生疲劳感，并伴有两侧墙面的拥挤感，可以通过对墙面的分段亮化处理改善

## 2. 改善空间不适感

**对象**：异形空间。受制于建筑造型，异形空间的出现在所难免，但它在实用方面会令人产生不适感。

**改善方法**：对于空间狭窄的部位可采用局部装饰照明的艺术化处理来解决，普通部位的照明设计可以采取遇形随形的方法，过多的设计会破坏空间的构成美。例如室内常见的三角形空间，两个锐角部分会给人压抑的局促感，此时可以以一盏形式简洁的上射光落地灯弱化锐利感，以优美的光晕掩盖不适感。

△ 从底部向上照射的射灯，光线照射在顶面和墙面，柔和的光晕弱化了夹角的局促感和锐利感

# 第九章

# 软装陈设

软装是室内设计中重要的环节，不仅可以给居住者的视觉美好感受，也可以营造温馨、舒适的氛围。

# 一、基本概念

在室内设计中，室内建筑设计可称为"硬装设计"，而室内陈设艺术设计则被称为"软装设计"。

室内建筑设计：　　　　室内陈设艺术设计：
硬装设计（硬装）　　室内设计　　软装设计（软装）

"软装"也叫家居陈设，在某一空间内通过将家具陈设、家居配饰、家居软装饰等设计元素将想要表达的空间意境呈现于整个空间中，使空间得以满足人的物质需求和精神需求。

△ 吊顶、地板不能移动，为"硬装"；沙发、装饰画、灯具可挪动或拆卸，为"软装"

# 二、功能作用

软装的主要作用在于对空间细节的修饰，它不仅可以带来多样的装饰性，也能营造出多变的氛围。

## 1. 表现风格

室内空间的整体风格除了靠前期的硬装营造外，后期的软装布置也非常重要，因为软装配饰材料本身的造型、色彩、图案、质感均具有一定的风格特征，对室内环境风格可以起到更好的表现作用。

▷ 布艺和装饰画体现中式风格

△ 餐桌椅、墙饰等体现简欧风格

## 2. 营造氛围

软装设计在室内环境中具有较强的视觉感知，因此对于渲染空间环境的气氛有很大作用，不同的软装设计可以营造出不同的室内氛围。

△ 空间中摆放高雅而清新的装饰品

## 3. 组建色彩

在家居环境中，软装饰品所占面积较大。在多数空间中，家具占的面积大多超过40%；其他如窗帘、床品、装饰画等软装的彩色，对整体空间的色调也会起到很大作用。

△ 家具和布艺构成空间大面积配色

## 4. 改变装饰效果

在室内设计时，少用硬装造型，多用软装饰，软装饰不仅花费少、效果佳，还能减少日后翻新造成的资金浪费。

△ 无硬装造型，后期更换软装便捷

## 5. 改变风格

软装更改、替换简单，可以随心情和四季变化进行调整。如夏天，室内可换上轻盈飘逸的冷色调窗帘、棉麻材质的沙发垫等，空间氛围瞬间变清爽。

△ 软装的色彩和图案符合春日家居

# 三、设计原则

好的家居软装设计需要掌握软装设计的方法与原则。

## 1. 先定风格，后做软装

在进行软装布置时，首先要确定家居风格，然后根据风格进行软装入场，这样才能使整个空间的基调一致。

## 2. 软装规划要趁早

软装搭配需要尽早规划，可以事先了解业主家庭成员的习惯、喜好等，然后结合空间的基本风格，定位软装的格调和色彩。

## 3. 运用黄金比例分割

软装搭配的比例可以运用经典的黄金比例分割，即1：0.618。例如，在一个长方形的条形桌上摆放装饰品，最好不要居中摆放，稍微偏左或偏右，可以达到较好的审美效果。

△ 墙面装饰画类软装，大多为居中悬挂，可以通过造型和重复的手法达到视觉变化效果

## 4. 遵循多样统一原则

软装布置应根据大小、色彩、位置使之与家居构成一个整体。家居要有统一的风格和格调，再通过饰品、摆件等细节点缀，进一步提升居住环境品位。

△ 米黄色系为卧室主色调，青绿色靠枕和花瓶为整体色调中的变化，丰富空间层次

## 5. 确定视觉中心点

在居室装饰中，视觉注意范围要有一个中心点，才能营造出主次分明的层次感，打破空间的单调感，这个视觉中心就是布置的重点。

△ 客厅已经选择一盏装饰性很强的吊灯，无须增添其他视觉中心，视觉中心有一个即可

## 6. 运用对比与调和方法

通过光线的明暗对比、色彩的冷暖对比、材料的质地对比、传统与现代的设计对比等手法为家居环境营造更多层次感。调和则是将对比双方进行缓冲与融合的一种有效手段。

▷ 色彩和材质的对比，增添丰富的视觉层次感

# 四、分类及应用

室内常见软装大致包括家具、布艺、灯饰、工艺品、装饰画、花艺、绿植七大类，每个大类还可细分。

## 1. 家具

### （1）常见分类

| | | |
|---|---|---|
| 坐卧家具 |  | 坐卧家具也叫支撑类家具，满足人日常的坐卧需求，包括凳类、椅类、沙发类、床类等 |
| 贮藏家具 |  | 贮藏家具是用来陈放物品的家具，包括衣柜、五斗柜、床头柜、书柜、装饰柜等 |
| 凭倚家具 |  | 凭倚家具是供人凭倚、伏案工作，同时也兼具收纳物品功能的家具。包括两类：写字台、餐桌等台桌类；茶几、条几、花架、炕几等几架类 |
| 陈列家具 |  | 陈列家具的作用是展示居住者收集的一些工艺品、收藏品或书籍，包括博古架、书架、展示架等 |
| 装饰性家具 |  | 装饰性家具是具有很强装饰性的家具，表面通常带有装饰性元素 |
| 多功能家具 |  | 多功能家具是在具备传统家具原始功能的基础上，实现其他新设功能的现代家具类产品 |

### （2）布置应用

① 家具的比例尺寸要与整体室内环境协调统一

选择或设计室内家具时要根据室内空间的大小决定家具的体量大小，如在大空间选择小体量家具，显得空旷且小气；而在小空间中布置大体量家具，则显得拥挤。

△ 小空间家具应小巧、多功能化

② 家具的风格要与室内装饰设计风格相一致

室内设计风格的表现，除了界面的装饰外，家具对室内设计风格的表现也有重要的作用。

△ 直线条实木家具造型也是现代风格的典型特征

## 2. 布艺

### （1）常见分类

| | | |
|---|---|---|
| 窗帘 |  | 窗帘具有保护隐私、调节光线和室内保温的功能，厚重绒类面料的窗帘在一定程度上有遮尘防噪的效果 |
| 床上用品 |  | 根据季节更换不同颜色和花纹图案的床上用品，可以很快地改变居室的整体氛围 |
| 家具套 |  | 家具套多用在布艺家具上，特别是布艺沙发，主要作用是保护家具并增加装饰性 |
| 壁挂 |  | 壁挂是悬挂在墙壁上的一种装饰性织物。采用传统的手工编织、刺绣等技术，是一种具有艺术性的软装饰 |
| 枕、垫类 |  | 靠枕、枕头和床垫是卧室中必不可少的软装饰，此类软装饰使用灵活，可随时更换图案 |
| 地毯 |  | 地毯隔热、防潮，舒适兼具美化作用 |

### （2）布置应用

#### ① 要与整体风格形成呼应

布艺选择首先要与室内装饰格调统一，主要体现在色彩、质地和图案上。例如，色彩浓重、花纹繁复的布艺虽然表现力强，但不好搭配，较适合豪华的居室；浅色、简洁图案的布艺，则可以衬托现代感的居室。

△ 布艺色彩与室内整体风格相配

#### ② 布艺选择应以家具为参照

家具色调在很大程度上决定着整体空间的色调。选择布艺色彩应以家具为参照，执行的原则可以是窗帘色彩参照家具、地毯色彩参照窗帘、床品色彩参照地毯、小饰品色彩参照床品。

△ 窗帘的色彩来源于家具

#### ③ 布艺选择应与空间使用功能统一

布艺在面料质地的选择上，应尽可能选择相同或相近元素，避免材质杂乱。布艺选用最主要的原则是要满足使用功能统一，如装饰客厅可以选择华丽、优美的面料，装饰卧室则应选择舒适、柔和的面料。

△ 卧室布艺给人舒适感

## 3. 灯饰

### (1) 常见分类

| | | |
|---|---|---|
| 吊灯 |  | 吊灯最佳的安装高度为其最低点离地面不少于 2.2 米。适用空间为客厅、餐厅、卧室 |
| 吸顶灯 |  | 可以直接安装在天花板上，安装简单，重量轻，常见造型有方罩、圆球形、垂帘式等 |
| 台灯 |  | 台灯的光亮照射范围相对较小且集中，局限在台灯周围 |
| 落地灯 |  | 落地灯作为局部照明，强调移动的便利性，对于角落气氛的营造十分有效 |
| 壁灯 |  | 壁灯常用于客厅、卧室、过道或卫浴间等空间中，其安装高度应距地面不少于 1.8 米 |
| 筒灯、射灯 |  | 既可在整体照明中起主导作用，又可用于局部采光，烘托气氛。常用于吊顶四周、家具上部、墙内和墙裙 |

### （2）布置应用

① 灯具应与家居环境装修风格相协调

灯具的选择必须考虑家居装修的风格，如墙面的色泽、家具的色彩等，否则灯具与居室的整体风格不一致。如家居风格为简约风格，就不适合繁复华丽的水晶吊灯。

△ 室内墙面色彩为浅色系，以暖色调的节能灯为光源，营造出明亮、柔和的光环境

② 灯具大小要结合室内面积选择

家居装饰灯具需根据室内面积选择，如12 m²以下的空间宜采用直径20 cm以下的吸顶灯或壁灯，灯具数量、大小应搭配适宜，以免显得过于拥挤；15 m²左右的空间应采用直径为30 cm左右的吸顶灯或多叉花饰吊灯，灯的直径最大不得超过40 cm。

△ 客厅面积较小，用简洁的筒灯装饰减少拥挤感

# 4. 工艺品

## （1）常见分类

---

**木雕工艺品**  以实木为原料雕刻而成的装饰品，具有较高的观赏价值和收藏价值。适合中式风格及自然类风格

---

**水晶工艺品**  水晶工艺品晶莹剔透、高贵雅致。适合现代风格及欧式风格

---

**编织工艺品**  编织工艺品具有朴素、清新的特质

---

**玻璃工艺品**  玻璃工艺品外表晶莹剔透，可以达到反衬和调节气氛的效果。较适合现代以及华丽风格的家居

---

**铁制工艺品**  以铁为原料的工艺品类型，通过烤漆、喷塑等多道工序组合而成，做工精致，设计美观大方

---

**陶瓷工艺品**  陶瓷工艺品大多制作精美，款式繁多，以人物、动物或瓶件为主

---

## （2）布置应用

① 小型工艺品可成为视觉焦点

小型工艺饰品是最容易上手的布置单品，在进行空间装饰时，可以先从此着手进行布置，增加对家居饰品的感觉。

△ 小型家居饰品往往会成为视觉的焦点，更能体现居住者的兴趣和爱好

② 工艺品与灯光相搭配更适合

工艺品摆设要注意照明，可用背光或色块做背景，也可利用射灯照明增强其展示效果。灯光颜色的不同，投射方向的变化，都可以表现出工艺品的不同特质。

▷ 玻璃、水晶制品选用冷色灯光，更能体现晶莹剔透

# 5. 装饰画

## （1）常见分类

中国画  中国画清雅、古逸，非常适合与中式风格装修居室搭配

油画  油画色彩变化丰富，笔触变化多样，保存持久

摄影画  摄影画是近现代出现的一种装饰画，包括"具象"和"抽象"两种类型

水彩画  水彩画是用水调和透明颜料作画的一种绘画方法，通透、清新

工艺画  工艺画是指用各种材料通过拼贴、镶嵌、彩绘等工艺制作而成的装饰画

## （2）布置应用

### ① 要给墙面适当留白

选择装饰画时首先要考虑悬挂墙面的空间大小。如果墙面有足够的空间，可以悬挂一幅面积较大的装饰画；当空间较狭窄时，则应当考虑面积较小的装饰画，这样才不会产生压抑感，同时恰当的留白可以提升空间品位。

▷ 适当的墙面留白更符合新中式风格

### ② 坚持宁少勿多，宁缺毋滥的原则

装饰画在一个空间环境里形成一两个视觉点即可。如果同时安排几幅画，必须考虑它们之间的整体性，要求画面是同一艺术风格，画框是同一款式，或者相同的外框尺寸，视觉上不会感觉散乱。

△ 相同颜色、材质的画框使多幅装饰画有了统一感

## （3）摆放方式

### ① 对称式

对称式是最保险、最简单的墙面装饰手法。将两幅装饰画左右或上下对称悬挂，便可达到装饰效果，适合面积较小的区域，画面内容最好为同一主题。

### ② 重复式

面积较大的墙面可采用重复式。将三幅造型、尺寸相同的装饰画平行悬挂，成为墙面装饰。图案包括边框应尽量简约，浅色和无框款式更为适宜。

③ 水平线式

在画框的上缘或下缘设置一条水平线，在这条水平线的上方或下方组合数量不等的画作。为避免呆板，可将画框更换成尺寸不同、造型各异的款式。

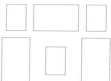

④ 方框线式

在墙面上悬挂多幅装饰画可采用方框线挂法。根据墙面情况，勾勒出一个方形框，以此为界，在方框中置入画框，可以安排四幅、九幅甚至更多幅装饰画。

# 6. 花艺

## （1）常见分类

### ① 中国插花

中国插花在风格上强调自然、优美朴实、淡雅明快和简洁的造型。

▷ 石榴造型的中式花艺带有美好的寓意

### ② 日本插花

日本插花以花材用量少、选材简洁为主，或以花的含苞、盛开、凋零代表事物的过去、现在、将来。

▷ 讲求意境的日式花艺非常适合装饰榻榻米

### ③ 西方插花

西方插花注重花材外形，追求块面和群体的艺术魅力，色彩艳丽，花材种类多，用量大，追求华丽的视觉效果，布置形式多为几何形式，一般以草本花卉为主。

▷ 西方插画在形式上注重几何构图

## （2）常见造型

| | | |
|---|---|---|
| 写景式 |  | 与盆景类似的花艺造型，通常体积较大，建议摆放在靠墙的区域 |
| 平卧式 |  | 用花量相对较少，没有高低层次变化，多为横向造型。主要特点为表现植物自然生长的线条、姿态 |
| 直立式 |  | 此类花艺高度分明，层次错落有致，花材数量较少，表现出挺拔向上的意境，属于东方花艺 |
| 下垂式 |  | 此类花艺的主要花枝向下悬垂插入容器，有一泻千里之势，最具生命动态之美 |
| 倾斜式 |  | 造型为将花枝向外倾斜插入容器中，有一种动态美感 |
| 半球形 |  | 适合四面观赏的对称式花艺造型，所用花材基本一致，形成一个半球形。此种造型的花艺柔和浪漫，可用来装饰茶几、餐桌、卧室装饰柜等 |

## （3）常见花器

### 陶瓷花器

陶瓷花器的品种极为丰富，或古朴或抽象，既可作为家居陈设，又可作为插花用的器皿，具有多元化的装饰效果

### 玻璃花器

玻璃花器常见有拉花、刻花和模压等制作工艺，车料玻璃最为精美。由于玻璃器皿的颜色鲜艳，晶莹透亮，已成为现代家庭重要装饰品之一

### 树脂花器

树脂花器硬度较高，款式多样、色彩丰富，质感比塑料细腻，高档的树脂花器也可以作为工艺品

### 金属花器

金属花器是指由铜、铁、银、锡等材料制成的花器，具有豪华、敦厚的观感。根据制作工艺的不同能够反映出不同时代的特点

### 编织花器

编织花器如藤、竹、草等材料制成的花器，具有朴实的质感，形式多样且易于加工，与花材搭配具有田园气息和原野风情

### 木容器

木容器造型典雅、色彩沉着、质感细腻，不仅是花器也是工艺品，具有很强的感染力和装饰性

### （4）布置应用

① 花艺色彩与家居色彩要相宜

若空间环境色较深，花艺色彩宜淡雅；若空间环境色简洁明亮，花艺色彩宜浓郁、鲜艳。

△ 花艺色彩还可以根据季节变化运用，最简单的方法是使用当季花卉作为主花材

② 花卉与花卉之间的配色要和谐

一种色彩的花材，色彩较容易处理，只要用相宜的绿色材料相衬托即可；而涉及两三种花色则须对各色花材谨慎处理，应注意色彩的重量感和体量感。

▷ 插花的上部用轻色，下部用重色，或是体积小的花体用重色，体积大的花体用轻色

# 7. 绿植

## （1）常见分类

**净化空气型**　　吊兰、一叶兰、龟背竹等植物，可以有效地吸收房屋装修产生的有毒化学物质

**增湿型**　　绿萝、常春藤等植物，能够使室内的湿度以自然的方式增加，是天然的加湿器

**吸尘型**　　花叶芋、平安树、仙人掌、虎皮兰等植物，能够吸附空气中飘浮的微粒及烟尘，是天然的除尘器

**杀菌型**　　紫薇、茉莉、柠檬等植物，可以杀死白喉菌和痢疾菌等原生菌。蔷薇、石竹、铃兰、紫罗兰等植物，散发的香味对结核菌、肺炎球菌的生长繁殖具有明显的抑制作用

**创氧型**　　仙人掌类多肉植物白天释放二氧化碳，夜间吸收二氧化碳，释放出氧气，可以放置在卧室，空气更清新

**观赏型**　　室内观赏植物，适用于从宽敞明亮的起居室到光线暗淡的狭小空间的所有室内环境。一般都有美化环境、改善环境和调节人体机能的功能

### （2）布置应用

① 大型绿植放置的位置宜恰当

高大的木本观叶植物宜摆放在墙角、橱边或沙发后面，让家具挡住植物下部，让植物上部伸出来，起到改变空间形态和氛围的作用。

△ 将较大型的植物摆放在沙发与窗的夹角处，既不会阻碍交通和视线，又能够丰富空间装饰

② 绿植的摆放不宜过多、过乱

室内绿化面积不得超过居室面积的10%，且植物高度不宜超过2.3米。这样室内才有一种扩大感，否则容易感到压抑。

△ 高而直的绿植摆放在长沙发后侧，可以打破沙发的僵直感，产生一种高低变化的节奏感

# 五、摆场构图法则

空间中放置的每一件物品都与空间、主题、色彩相关，陈列就是将物品通过一定的摆设标准、技巧使其在空间中呈现。

## 1. 摆场原则

### （1）比例原则

若空间较大，摆设不能过于空旷。可以从两个方面避免：一是加大地毯的尺寸，使整个空间看起来饱满；二是在主要视觉点有规律地摆放一些大型落地绿植，丰富空间层次。

若空间较小，则要注意摆设不能太多太挤，同时保证功能性与美观性。

▷ 大型落地绿植与小型工艺品错落摆放，丰富角落的观赏性

▷ 层高较高、空间较大的客厅可以选择满铺地毯，避免过于空旷

### （2）关系原则

饰品的摆放讲求物品与空间之间、物品与物品之间的关系。物体在形体上应有高低、大小、长短、方圆的区别。相似的形体陈列组合容易产生单调感，比例悬殊过大的组合则会产生不协调感。

△ 饰品之间高低、大小的不同，可以带来视觉上的变化

△ 大理石花瓶、皮家具等的运用，可以体现出现代感

### （3）整零整原则

首先将产品根据方案清单摆放到合适位置，整体对照是不是已经协调，再对局部的饰品、摆件、花卉等进行细微调整，最后保证整体搭配协调。

△ 摆件较多，但搭配合理，美观性较强

## 2. 摆场技巧

### （1）层次感

由面到点地对产品高低、大小、形态、色彩进行层次变化，使空间和局部整体和谐。

△ 挂画、落地灯、休闲沙发高低错落，形成空间一角的层次感

△ 在一组矮的摆件中插入一件高的单品（装饰画），形成高低层次感

△ 同一系列的摆件与绿植，形成色彩层次感

### （2）节奏感

通过色彩、元素、图案、材质等无规律重复出现与呼应，形成空间视觉节奏感。

△ 金色摆件、橙色搭毯与黑白装饰画，形成空间的色彩节奏感

△ 窗帘、抱枕、地毯与装饰画，形成空间元素的节奏感

△ 装饰画的实景图案与手绘几何图案，形成空间的虚实节奏感

### （3）均衡感

以左右、上下、三角形、轻重、大小、中心等对称或不对称构图，为空间带来稳定和均衡感。

△ 左右对称摆设的壁灯，使空间 的画面整体稳定、协调

△ 上下不对称摆设的摆件，使陈 列区域变得协调

△ 三角形构图可使陈列区域变得 稳定、均衡

### （4）对比感

色彩、形态、动静、虚实的生动对比陈列技巧，可以增加空间的趣味性。

△ 以色彩对比形成视觉冲突亮 点，使观者对空间产生深刻的 印象

△ 通过玻璃花瓶的静态，对比装 饰画画面的动态，为空间增加特 别的意境联想

△ 实物的石榴花艺，呼应青砖石 雕的莲花，形成虚实对比，带来 交相辉映的静谧趣味

## 3. 软装陈列构图

### （1）空间摆场陈列构图

为保持大空间的稳定感，软装陈列常以等腰三角形、三等分法、平行、水平的陈列构图方式呈现。

△ 等腰三角形构图

△ 三等分法构图

△ 平行构图

△ 水平构图

## （2）桌几类陈列构图

根据桌几的比例尺寸，摆件常以阵列、直角三角形、几何形组合的陈列构图方式呈现。

△ 阵列构图

△ 直角三角形构图

△ 几何形组合构图

## （3）柜类陈列构图

柜类的摆件常以直角三角形、对称、大小对比的陈列构图方式呈现。

△ 直角三角形构图

△ 对称构图

△ 大小对比构图

## （4）柜体层架陈列构图

柜体层架的摆件，根据使用功能和层架结构不同，构图手法也不同。通常会通过工艺摆件的色彩、形体、材质之间的重复、统一、变化，带来具有节奏感、连续感的产品陈列。

△ 选择统一色彩的摆件放在书架上，可以在视觉上形成连续感

△ 根据喜好选择工艺品，并以色彩的连贯带来陈列的节奏感

△ 有意识性的构图和技巧，展现更衣柜主人的生活品位

抱枕、靠枕陈列构图：抱枕和靠枕的陈列多以单数摆设居多，常用的陈列构图方式是用对称和跳色营造节奏美感。通常一组抱枕的色彩和图案最多不超过三种，材质则根据空间的整体风格选择。

△ 相同一组抱枕中间以银灰色金属枕作区分，调强整体感

△ 橙色菱格抱枕的间隔呼应使整个画面显得协调

景观雕塑的陈列构图：景观雕塑自身具有艺术美感，通过多样的构图形式，使其更具意蕴。常见的方式有垂直静态类构图、等腰三角形构图等。

△ 垂直静态类构图

△ 等腰三角形构图

# 第十章

# 室内绿化

绿化是室内设计中改善室内环境的重要手段。绿色设计在室内设计中表现为绿化设计或绿色空间设计、生态美学追求和绿色建材应用三个方面，其中绿化设计是绿色设计的主要方面。

# 一、概念及作用

室内绿化装饰是利用以室内观叶植物为主的观赏材料，使绿化与室内环境相协调，形成一个统一的整体，达到人、室内环境与大自然的和谐统一，从而实现室内的净化、美化和绿化的功能。

## 1. 基本概念

室内绿化装饰就是将自然景观浓缩加工并引入室内，以植物为主要材料的室内绿化，它是在一种特殊环境中进行的艺术处理。

△ 室内绿化受到室内平面、空间及多种结构样式与陈设物的限制，是一门综合性极强的装饰艺术

## 2. 装饰作用

### （1）美化作用

室内绿化装饰对室内环境的美化作用主要有两个方面：一是植物本身的美，包括它的色彩、形态和香味，植物本身给人以形象美感；二是通过植物与室内环境恰当地组合，从色彩、形态、质感等方面产生鲜明的对比，从而构成美的空间。

△ 植物的自然形态有助于打破室内装饰直线条的呆板与生硬，通过植物的柔化作用补充色彩，美化空间，室内空间充满生机

### （2）改善生活环境质量

室内的植物绿化装饰具有降低室内温度，增加室内湿度的作用，通过植物吸热和水分蒸发可降低室温。

△ 室内植物绿化还有净化空气的作用，因其吸收二氧化碳、释放氧气

### （3）改善空间结构组织

在室内设计中，绿化装饰对空间的构造也可发挥一定作用。如根据人的生活需求，利用成排的植物可将室内空间分为不同区域；利用植物本身的大小、高矮可以调整空间的比例感，充分提高室内有限空间的利用率；植物的自然形态有助于打破室内装饰直线条的呆板与生硬，通过植物的柔化作用补充色彩，美化空间。

△ 攀缘格架的藤本植物可以变身为分隔空间的绿色屏风，同时又将不同的空间有机地联系起来

### （4）陶冶情操

绿色植物装饰与其他手段相结合，可营造出静谧气氛，达到陶冶性情的作用。东西方国家对不同的植物和花卉，赋予了不同的象征和含义。

△ 竹寓意谦虚包容，与新中式书房搭配相得益彰

# 二、绿化材料分类

根据观赏部位及表达的艺术形式的不同，可将绿化材料分类如下：

**观花植物**

选用具有艳丽花朵的盆栽植物用于室内绿化，其夺目的光彩可使满屋生辉。为使观花效果更好，通常是在植物进入花期后才搬入室内，否则一旦室内的环境条件不佳，存在光线弱、通风差等情况，观花类植物的生长就会大受限制

**观果植物**

一些植物果实的形状或色泽的观赏价值较高，这些以观赏果实部位为主的植物统称为观果植物。它们以较长的果期和艳丽的果色丰富四季景观

**多肉多浆植物**

多肉多浆植物一般原产于热带、亚热带的干旱沙漠地带，或热带、亚热带的高山干旱地区，其形态多样，并不占用过多空间，是较小空间绿化装饰的最佳选择之一

**盆景**

盆景一般由盆、景、几架三个基本要素构成，是缩小版的立体山水风景区。盆景主要分为树桩盆景与山水盆景两大类

**假植物**

在室内不具备可供植物自然生长及养护的条件，但又想增添生机的情况下，可以选用假植物来装饰

# 三、绿化设计原则

家居室内绿化装饰需要遵循美学、心理学和生态学的装饰原则。

## 1. 美学原则

### （1）构图适度

构图是将不同形状色泽的物体按照美学的原则组成一个和谐的景观，绿化装饰要求构图合理，即构图美。

构图是装饰的关键问题，在装饰布置时必须注意两个方面：一是布置均衡，以保持稳定感和安定感；二是比例适度，体现真实感和舒适感。

△ 悬垂花卉宜置于高台花架、柜橱或吊挂高处，让其自然下垂

△ 空间较大处可以摆放枝叶繁茂的植物，还可将高大植物与其他矮生品种摆放在一起，以达到整体美观效果

① 布置均衡

构图上要讲究布局的均衡性，布置均衡包括对称均衡和不对称均衡两种形式。通常人们对于对称的均衡更加熟悉和认可，如摆放同样品种和同一规格的花卉在走廊两侧，显示规则、整齐、庄重。

反之，现代室内绿化自然式装饰也出现了不对称均衡。这种布置虽然不对称，但却给人以协调感，视觉上认为二者重量相当，仍可视为均衡。

△ 在电视柜的一侧摆放较大的植物，另一侧摆放较矮的植物则为不对称均衡

② 比例适度

比例适度指的是植物的形态、体量等要与所摆设的场景所占大小、位置相符合。比如空间大的位置可摆放大型植株及大叶品种，以利于植物与空间的协调。小居室或茶几案头摆设矮小植株或小盆花木，会显得优雅得体。

▷ 如果房间过于狭窄则不宜摆放高大的植物或悬垂植物，避免拥挤压抑感，应摆放细小植株低矮的小型盆栽，点缀在抢眼的位置

## （2）绿化色彩淡雅

室内绿化装饰在对植物颜色的选择上要以大环境为参照，如室内整体环境背景底色调为浅色调时，可以搭配叶色深的室内观叶植物或颜色艳丽的花卉，以突出立体感。反之，室内整体环境色调较深时，宜搭配色彩鲜艳明快的花卉植物，如淡绿色、黄白色的浅色，以便取得理想的反衬效果。

△ 空间的整体色调较柔和，给人安静、祥和的感觉。植物色彩与室内色调一致，给人稳定感

另外，室内的家具、大型陈设物件对室内绿化植物和花卉的选取有一定的限制，陈设的花卉也应与其色彩相互衬托。

△ 浅色家具和墙面应选择叶色较深的植物，如橡皮树、龟背竹、绿巨人、铁树等

## 2. 生态学原则

### （1）室内温湿度

选择室内观赏植物，要考虑室内的温湿度条件。如果环境干冷，会使植株生长缓慢，甚至枯死。而现时比较流行的热带或亚热带植物，它们需要高温高湿的环境，可在保持室温的同时，将盆置于装有湿泥炭或水的盘子上增加湿度。

△ 室内绿植不仅起到装饰作用，还能调节室内温度和湿度

### （2）室内日照

室内光照度较低，应选择阴生观叶植物或半阴生植物。虽然观叶植物本身有一定的耐阴性，但不同植物的耐阴程度不同，而且室内环境中的光线明暗程度也有较大差别，因此应根据室内的光照条件来选择植物。

△ 客厅、卧室一般光线较充足，适宜很多室内植物的生长，但要避免光线直射

## 3. 心理学原则

社会生活、文化艺术赋予人造空间以情感意义，使空间不再只是实质形式的表现，而是成为寄托情感的载体。因此室内绿化一定要讲究树木、花卉色彩的变化与室内环境协调，以满足居住者的心理需求。

△ 无色系的空间使用绿色植物，自然而和谐

# 四、装饰布局和配置方式

植物的养殖主要依据植物的生活习性，而布局形式则是要遵从人们的审美情趣。

## 1. 布局基本形式

### （1）壁挂式绿化

壁挂式绿化有挂壁悬垂法、挂壁摆设法、嵌壁法和开窗法。预先在墙上设置局部凹凸不平的墙面和壁洞，供放置盆栽植物或在靠墙地面放置花盆，或砌种植槽，然后种上攀附植物，使其沿墙面生长形成室内局部绿色的空间，或在墙壁上设立支架。

△ 在不占用地的情况下摆放花盆，丰富空间

### （2）盆景式绿化

盆景是一种置于盆中的微型景观，将山水树木风景经过提炼抽象化表达意境。栽植时，多采用自然式，注意姿态、色彩的协调搭配。重视室内观叶植物的色彩丰富景观画面，同时考虑与山石、水景组合成景，模拟大自然的景观，给人回归大自然的感觉。

△ 盆景装饰十分适合新中式风格

### （3）陈列式绿化

陈列式绿化是室内绿化装饰最常用和最普通的装饰方式，包括点式、线式和面式三种。其中以点式最为常见，即单盆盆栽植物的简单陈列，置于室内任何地方，如桌面、茶几、柜角、窗台及墙角，即可构成绿色视点。

△ 在边柜上几盆组成片式摆放，可以自然地制造分隔感

### （4）室内插花

插花指将剪切下的植物的枝、叶、花、果等作为素材，经过一定的艺术构思、造型、设色和修剪、整枝、弯曲等技术处理加工，重新制作一件富有诗情画意，再现自然美和生活美的花卉艺术品。

△ 与空间色调相呼应的插花，能够增添居室的艺术感

## （5）垂吊式绿化

垂吊式绿化是用装有沙土或者轻质培养液的吊挂容器，栽植枝叶悬垂的植物供悬挂欣赏的一种植物装饰形式。这种植物装饰品富有立体感，造型生动活泼。并且垂吊式室内绿化也是一种室内立体绿化的形式，能充分利用空间且不占地面，小居室尤为适宜。

△ 可以将垂吊式绿植悬挂到墙面上，或者利用灯具进行装饰，还能营造不同的光影效果

此外还可以起到柔化空间的作用，悬垂植物一般枝叶细长且均匀，与室内人工制造的生硬线条形成对比，能很好地融入空间，弱化室内单调的直线条。

▷ 书柜、饰物的线条平直，下垂式的绿植能够弱化平直线条的生硬感

## 2. 布局的基本类型

### （1）点状布局

**含义**：指独立或组成单元集中布置的植物布局方式。

**作用**：加强空间层次感，还能成为室内的景观中心。

**设计要点**：安排点状绿化的原则是线状布局，它可以是直线，也可以是曲线。

**实际应用**：大型植物通常置于大型厅堂中，小型花木可置于较小的房间中或几案上或悬吊。

△ 点状布局的植物材料在形体、大小、颜色上的要求都是一致的，以便达到整体统一

### （2）面状布局

**含义**：指成片布置的室内绿化形式，常由若干个点组合而成，形态有规则和自由两种。

**设计要点**：采用的植物群要高矮搭配，展现植物的群体美。

**实际应用**：常用于大面积空间和内庭中。

△ 面状布局的绿竹形成绝妙的墙面装饰

### （3）综合式布局

**含义**：指由点、线、面有机结合构成的绿化形式。

**设计要点**：应注意高低、大小、聚散的关系，在统一之中存在着变化，层次更丰富。

▷ 综合式布局使空间具有自然气息

## 3. 装饰配置方式

### （1）孤植

**含义**

孤植是室内绿化采用较多且较灵活的形式，方式为单株放置

**常用植物**

宜为室内树，以棕榈型的苏铁、蒲葵、桫椤和塔形的南洋杉最好，除此之外，桂花、白兰花、印度榕等均可

**设计应用**

最常用的是盆栽，可置于茶几或案头上，用于点缀室内空间；还可置于室内的一隅，如墙壁或家具形成的空间死角，起到柔化空间硬角的作用

△ 孤植一般选择叶形独特、色彩艳丽的观赏性较强的植物，适合室内近距离观赏

### （2）列植

**含义**

列植指两株或两株以上的植物按一定间距排列的配置方式，包括两株对植、线性行植和多株阵列种植

**常用植物**

可根据观赏和功能需求进行选择，一般为色彩、大小、体态相同的同种植物，也可选择体量、外形、色彩等接近的植物，以保持整体协调性

**设计应用**

对植在门厅或出入口使用最多，起到标志和引导作用；线性种植可以形成通道以组织交通、引导人流，也可用于空间划分和空间限定；阵列种植常采用高大的木本植物，形成顶界空间

△ 沙发两侧对称摆放相同大小、样式的绿植，既保持整体性又增加装饰性

## （3）群植

### ① 丛植

| | |
|---|---|
| **含义** | |
| 丛植一般为三到十株，利用有较强美感的单株植物形成具有观赏价值的植物群 | |

**常用植物**

主要用于室内庭院的种植池中，小体量的植物也可由移动式的盆栽配置形成，可用同种植物，也可以是不同植物混合配置

**设计应用**

丛植可以遮阴，可单独作为主景，也可作为配景，可与内庭假山、雕像、小品建筑等景物相搭配

△ 丛植搭配水景、灯光，有一种独特的美感

### ② 群植

**含义**

群植由十株以上的植物进行组合，包括室内盆栽的组合及室内庭院构成主景的林形景观

**常用植物**

桑科榕，常见垂叶榕、印度榕等

**设计应用**

盆栽形成群植，可以利用不同高度的植物形成边缘低中央高的植物群，也可以将具有相同高度的植物摆放在梯形台架上，靠植物隐去花架而形成植物群。林形景观配置的基本原则是高植物在中央，矮植物在边缘；常绿植物在中央，落叶植物、花叶植物在边缘，形成立体观赏面，植物互不遮掩也易成活

△ 群植要注意利用植物生长形态营造高低差，在视觉上更美观

## （4）附植

① 攀缘

### 含义

附植是将缠绕性或攀缘性的藤本植物附着在水泥、竹子、木材等制成的架子、柱子或棚上，使之形成绿架、绿柱或者绿棚的配置方式

### 常用植物

如常春藤、龟背竹等，缠绕性藤本植物如金鱼花和龙吐珠等

### 设计应用

由于藤本植物自身无规则形态，其形态由附着的构件形态决定，因此需要提前预测设计好

△ 顶面的格栅决定攀附植物的生长走向，形成既美观又独特的室内景观

② 悬垂

### 含义

悬垂是将种植植物的容器置于高于地面之处，使植物自然下垂的配置方式

### 常用植物

藤蔓植物或气生植物

### 设计应用

藤本植物自身不能直立，只能匍匐于地或依附于其他物体，其形态随附着物形态的变化而变化，给室内设计造型带来无限的想象与创造空间

△ 置于高层隔板的悬垂绿植，带来柔和清新的装饰感

# 五、功能空间应用

在居室环境中栽培和摆放绿色植物，已被越来越多的人所喜爱和重视。根据现代人的审美情趣，人们崇尚自然，喜欢与有生命的生物朝夕相伴。

## 1. 客厅绿植应用

### （1）植株大小

客厅可以摆放一些植株较大的植物，同时也可以适当摆放体量和空间相适宜的植物。

▷ 客厅绿化装饰的方式有落地式、几架式、悬吊式和桌饰等，最常见的是墙隅、沙发旁摆放大型盆栽

### （2）绿化色彩

室内空间的色调也是进行家居室内绿化装饰的一个重要参照，主要从地面、墙体、吊顶与家具色彩方面考虑。

△ 颜色较深的室内空间，宜摆放浅色明快的植物，具有提亮整体环境的作用

△ 色彩较浅的室内空间，宜摆放深色植物，以形成强烈反差，达到最佳效果

## （3）植物与室内风格

　　客厅的装饰风格与家居室内绿化设计有着必然的联系。如果是兼具艺术性与浪漫情怀的田园风格，可选配花色淡雅、花叶较细小的植物来呼应整个室内的田园气氛，也可以加一些藤本植物，会让客厅氛围更加轻松和自然。

　　△ 古朴典雅的中国传统风格，可摆放与之相呼应的具有中国传统风格的植物

　　△ 个性气派的现代风格，可摆放较大型、形状饱满的绿色植物

## 2. 餐厅绿植应用

### （1）植株大小

现代餐厅与客厅多采取开放式或半开放式设计，这就可以充分发挥植物的分割空间的作用，选择一些较高大的植物置于客厅与餐厅之间，实现客厅与餐厅分而不隔。

▷ 餐桌所摆放的植物以餐台的大小为参照，植株不宜过大，小型花卉或小巧的观叶植物较适宜，或者是摆放一些小型插花在餐桌中心位置，以增添生活情趣

### （2）绿化色彩

当室内整体环境背景底色为浅色调时，可以摆放叶色深的室内观叶植物或颜色艳丽的花卉，以突出布置的立体感。

△ 能够刺激食欲的色彩如橙红、橙黄、棕褐等，增加人的食欲，使人心情愉悦

## 3. 卧室绿植应用

### （1）植株大小

卧室不宜摆放较高大的植物，会给人以压抑感，不仅影响人正常睡眠，也不宜大型植物的生长。

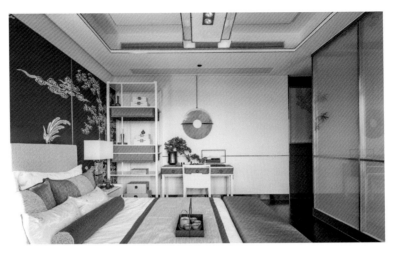

△ 卧室应摆放植株较小型的盆栽或小型悬垂植物

### （2）绿化色彩

卧室摆放植物的颜色不宜过于艳丽，容易引起人的视觉刺激，宜摆放色彩淡雅、明快的绿色植物。

△ 白色与绿色的植物，既与空间色彩呼应又增添自然之感

## 4. 书房绿植应用

### （1）植株大小

在书房的安静氛围中，摆放植物不宜过多，也不宜过大，应点缀小巧的绿植。

△ 书房的植物可以摆放在隔板上，既不会占用空间又显得独特

### （2）绿化色彩

由于书房使用时间较长，应避免强烈刺激的色彩，宜采用明亮的无彩色或灰棕色等中性颜色。

△ 为了统一风格，书房绿化应与四壁及家具的颜色相呼应

### 5. 厨房绿植应用

#### （1）植株大小

厨房摆放植物的植株体积宜小不宜大，宜选择小型盆栽观叶植物，摆设布置宜简不宜繁，宜少不宜多。

▷ 厨房的植株不宜过大，将植株置于厨房角落也能起到很好的装饰效果

#### （2）绿化色彩

由于长时间在厨房操作，可以摆放一些色彩较亮的绿植花卉以增加愉悦感。

△ 摆放色彩亮丽的绿植花卉，使无色系的厨房增添生气感

#### （3）保健功能

在烹饪过程中难免会产生油烟，而油烟对人体是有害的，因此需要室内绿化来吸收有害气体，尽量减少对人体的伤害。

△ 将绿植摆放在远离煤气灶、油烟少之处，如悬吊在墙壁和平顶上

## 6. 卫浴间绿植应用

### （1）植株选择

卫浴间一般采光效果较差，湿度较大，应摆放耐阴、喜湿植物。多数住房卫浴间面积并不大，空间狭小，不宜摆放大型植株。

△ 在角落处点缀较小的植株，使白色的空间增添生气感

### （2）绿化色彩

一般来说，卫浴间的色彩以浅色为主，墙面大多铺白色瓷砖，选取时可以选择色彩较明快、鲜艳的观花或者观叶植株。

△ 白色和绿色组合的绿植令人悦目

# 六、庭院绿化的艺术构图

庭院空间的绿化艺术构图设计的创意，来自对自然原貌美的写真，加上人工修饰，创作出一个自然美的环境空间。

## 1. 规则式绿化

规则式绿化强调艺术造型美和视觉震撼，又称几何式、轴线式或对称式等。

规则式绿化布局不仅体现在绿化的构图上，也可以利用植物的耐修剪性和绿化者的操作技术将植物修剪成抽象的流线形、几何形或惟妙惟肖的动物造型。

△ 轴线对称式栽植一般是以庭院主要建筑的轴线为室内植物栽植轴线，在轴线两侧，植物的种类、形状、栽植形式完全相同

△ 几何规则式栽植主要是植物在平面构图和植物形状上成几何规则式庭院栽植

## 2. 自然式绿化

在自然庭院内，园林要素中的地面铺装形式、水景、植物，均以自然形式表现。在竖向视觉上要注意树冠的天际线，即树木组合层次错落有致和形态的彼此和谐，人们对植物的欣赏既有季节变化之美，又可观察枝、花、叶、果的细部形态，体现植物的个体美、群体美和自然动态美。

△ 庭院绿化中植物的配置采用自然林、丛团和散落的单株相组合，模拟自然景观

### 3. 抽象式绿化

抽象式绿化又称自由式、意象式或现代园景观式，体现自由意象和流动线条美。抽象式园林绿化是将植物通过大色块、大线条、大手笔的勾画，营造一种随性自由感。

△ 抽象式绿化是具有强烈装饰效果的植物布局形式

### 4. 混合式绿化

混合式绿化以折中融合美的布局为宗旨。这种绿化形式在现代庭院中运用很多，有机运用前面几种绿化形式，创造出美丽的庭院绿化观赏景观。

△ 混合式绿化在统一中存在着变化

# 七、庭院绿化设计要点

想要营造美丽的庭院环境，首先要做好庭院绿化设计工作，通过设计呈现出不同的庭院风格，由业主结合自身需求选择合适的方案。

## 1. 根据庭院面积的大小来选择绿化风格

面积较小的庭院可用面积有限，供选择的风格要少一些，需要制定较为详细配置计划，通过减少植物种类达到较好的绿化效果。

△ 面积较小的庭院可以选择减少植物数量，增加地面裸露面积

反之，面积较大的庭院可选择的风格较多，可以在设计时选择较多种类的植物、复杂多样的组配方式等，然后对其进行规划，保证整体风格的统一性。

△ 面积较大的庭院要注意整体风格的统一性

## 2. 根据业主爱好及需求来选择庭院风格

庭院风格的选择与业主爱好及需求密切相关，如果设计中包含花草元素，就需要业主对其进行基本的养护和管理。但业主无暇修理花草，就不能采用这种形式，改选无须过多管理的树木、花卉，确保庭院景观的美丽完整。

△ 水景风格的庭院

△ 传统风格的庭院

### 3. 庭院风格的选择

　　一般的庭院可以分为两大类，一类是自然风格，另一类是规则式风格。具体选择什么样的风格，则需要根据建筑物的建筑色彩及庭院周围环境来确定庭院风格，使其能呈现出整体性和统一性。

▷ 自然风格的庭院更注重轻松感的营造

△ 规划式的庭院看上去更规整气派

## 4. 庭院排水与光照条件的影响

庭院绿化与庭院自身的土质、通风、光照和排水等都有着千丝万缕的联系，因此在庭院绿化时要根据庭院自身情况选择合适的植物种类，保证这些植物能够健康正常生长，从而呈现出预期的景观效果。

▷ 我国的庭院土壤大都混有建材和水泥，因此在种植前需要对这些土壤进行科学处理

## 5. 栽培知识与管理方法

在庭院设计之初根据业主栽培植物经验的多少，以及其可用于花卉管理时间长短来选择不同的庭院设计风格，植物养护经验充足的人可以选择一年四季可观赏时令花草的庭院，反之，相对忙碌且不具备植物养护经验的人则应选择花木和宿根花卉为主的庭院。

△ 庭院植物的养护也要根据业主的需求选择